Manuales de fotografía

TECNICAS DE LABORATORIO

Cúpula es una Marca Registrada por Ediciones Ceac, S. A.

Traducción autorizada de la obra:
THE WORKBOOK OF DARKROOM TECHNIQUES

Editado en lengua inglesa por:
Mitchell Beazley International Ltd,

ISBN 0 85533 542 4

Perú, 164 - 08020 Barcelona (España)

3.ª Edición: Octubre 1991

ISBN: 84-329-1604-8

Depósito Legal: B. 34.597-1991

Impreso por:
SIRVEN GRÁFIC, S.A.
Santander, 60
08020 Barcelona

Impreso en España
Printed in Spain

Manuales de fotografía

TECNICAS DE LABORATORIO

John Hedgecoe

Libros CUPULA/IMAGEN

ediciones ceac Perú, 164 - 08020 Barcelona - España

CONTENIDO

Introducción 6

El cuarto oscuro
La zona seca 8
La zona húmeda 10

Procesos y materiales
Cómo llegar a la copia 12
Modificar la imagen 14
La química del laboratorio 16
Mezcla de los productos 18

Material de laboratorio
Revelado de películas 20
Revelado de copias 21
La ampliadora 22
La ampliadora: movimientos 24
La ampliadora: objetivos 25
Aparatos de control 26
Accesorios para el color 27
Lavadores de copias 28
Secadoras de copias 29
Revelado de película en blanco y negro
Prepare el revelado 30
Cargue la película 32
Revelado y fijado 34
Lavado y secado 36
Valore el negativo 38
Explote los reveladores 40

Impresión en blanco y negro
Prepárese a hacer copias 42
Revele la copia 44
Prueba de contacto 46
Utilice las pruebas 48
Contraste del papel 50
Prepare la ampliadora 52
Ensaye las exposiciones 54
Haga una copia 56
Reserve las luces altas 58
Reserve las sombras 60
El contraste local 61
Viñete la imagen 62
Controle la perspectiva 64

Revelado de película de color
Prepárese para el color 66
Revele negativos de color 68
Revele las diapositivas 70

Impresión del color
La reproducción en color 72

Ensaye las exposiciones 74
Compruebe el color 76
Equilibre el color 78
Reproduzca diapositivas 80
Impresión rápida 82

Trucos y técnicas
Fotogramas 84
A través de vidrio 86
Elimine tonos 88
Solarización en B/N 90
Solarización en color 92
Combinación de imágenes 94
Montaje en blanco y negro 96
Montaje en color 98
Esquemas de montaje 100
Combine distintas técnicas 102
Retoque sus copias 104
Coloree a mano 106
Utilice el aerógrafo 108
Virado de copias en B/N 110
Otros soportes fotográficos 112
Reproducción de copias 114

Técnicas avanzadas
Sistemas de registro 116
Selección de color 118
Copias posterizadas 120
Película equidensidad 122
Máscaras para contraste 124
Conjugado de imágenes 126
Creación de mandalas 128
Explote el efecto neón 130
Transferencia de color (1) 132
Transferencia de color (2) 134

Almacenamiento y exhibición
Cómo montar las copias 136
Cómo almacenar las fotos 138
Proyecte sus diapositivas 139
Un pase de diapositivas 140

Datos importantes
Compensar la exposición 142
Conversiones 143

Errores más comunes
Fallos en el revelado de la película 144
Fallos en el positivado 146

Glosario 149

INTRODUCCIÓN

La creatividad fotográfica no acaba en el instante en que se ha disparado la foto. Es cierto que si la foto ha sido tomada con un máximo de error y un mínimo de gusto resultará bastante difícil obtener una imagen notable: cuanto mayor sea su habilidad técnica en el manejo de la cámara y mejor haya desarrollado su capacidad visual para apreciar la forma, el tono, la composición, el color, el motivo, el ambiente y, lo más importante, la idea general que subyace a la foto, mayores serán sus probabilidades de éxito. No obstante, una buena parte del placer en el campo de la fotografía, así

como un tramo importante en el camino hacia el éxito, comienza únicamente tras sacar la película de la cámara. El cuarto oscuro es una especie de laboratorio de alquimista donde el metal básico de lo prosaico puede ser transformado en el oro de lo insólito, donde los errores pueden ser rectificados, la realidad manipulada y su visión personal puede hallar una expresividad total. Las páginas siguientes presentan algunas de las asombrosas técnicas que puede utilizar para conseguir estos efectos.

LA ZONA SECA

Para utilizar las técnicas descritas en este libro no es preciso disponer de un cuarto oscuro propiamente dicho. Es fácil improvisar un laboratorio de este tipo en el cuarto de baño, el dormitorio o el garaje. Pero aunque su lugar de trabajo sea provisional, procure que su organización no lo sea. El desorden puede no ser un impedimento para ir obteniendo resultados, pero sí lo es si lo que desea es conseguir resultados de primera clase. Organice la distribución de su cuarto oscuro con sumo cuidado, separando el máximo posible cada una de las operaciones. La división más importante es la que debe tener lugar entre la zona «húmeda», donde se utilizan los productos químicos, y la «seca», donde tienen lugar todos aquellos procesos que no los precisan, como la ampliación.

La ilustración inferior muestra una posible forma de organizar la zona seca. Se encuentra situada delante de la zona húmeda (ver página siguiente). Pocos elementos del equipo son totalmente indispensables, si exceptuamos la ampliadora, pero descubrirá que objetos como tijeras, cinta adhesiva, cuchillas y reglas resultan mucho más útiles de lo que podría imaginar. Es aconsejable colgarlos en un tablero provisto de clavos.

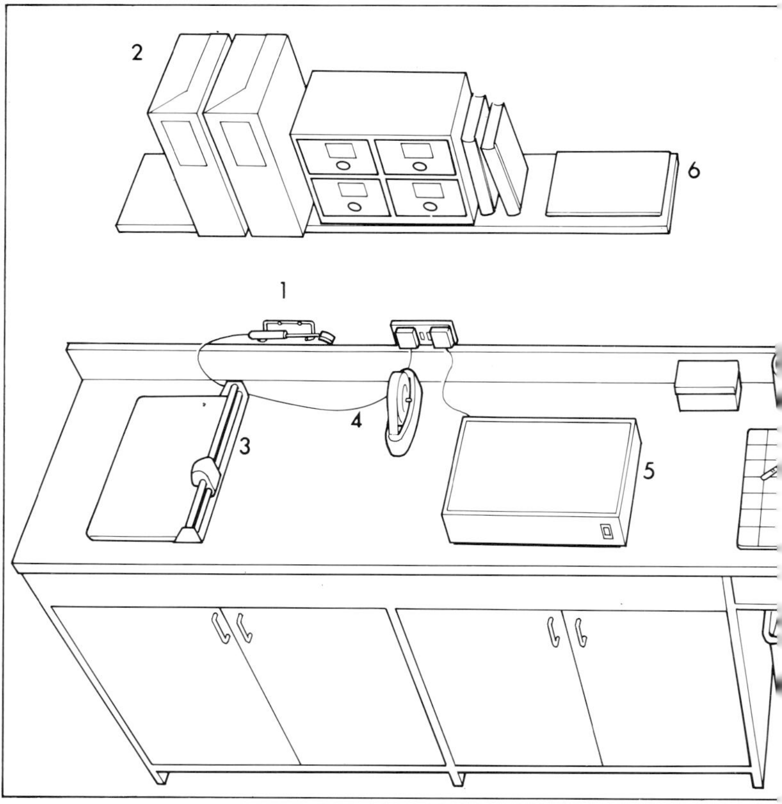

1. Soldador
2. Archivos y registros
3. Guillotina
4. Cinta adhesiva para máscaras
5. Mesa de luz
6. Archivador de negativos
7. Luz de seguridad
8. Tablero con clavos
9. Pinceles de retocado
10. Reglas, tijeras, cinta adhesiva y cuaderno de notas

● **Si dispone de poco espacio** y no puede colocar las zonas seca y húmeda en mesas distintas, separe las zonas de impresión y revelado con un biombo o una pantalla adecuada para proteger la ampliadora y el papel.

● **Instale la ampliadora** sobre un soporte alto improvisado si el espacio es tan reducido que no puede ni tan siquiera establecer una separación para aislarla de la zona húmeda. Esto ayuda a evitar salpicaduras en el tablero de la ampliadora. Asegúrese de que el aparato está bien sujeto.

● **El equipo eléctrico** debe estar en la zona seca, a menos que el trabajo en la zona húmeda implique la utilización de ciertos aparatos, en cuyo caso deben contar con la protección necesaria.

● **Disponga los enchufes** para la ampliadora, los fotómetros, etc. a la altura de la mesa de trabajo.

● **Pinte la pared** que hay detrás de la ampliadora de color negro mate para eliminar los efectos de la luz que se filtra por el portanegativos. Pinte de blanco el resto del espacio para obtener un máximo de luz.

● **Coloque estantes** encima de las mesas de trabajo en ambas zonas para tener a mano los elementos más pequeños del equipo. Redondee las esquinas y no coloque estantes cerca de la ampliadora.

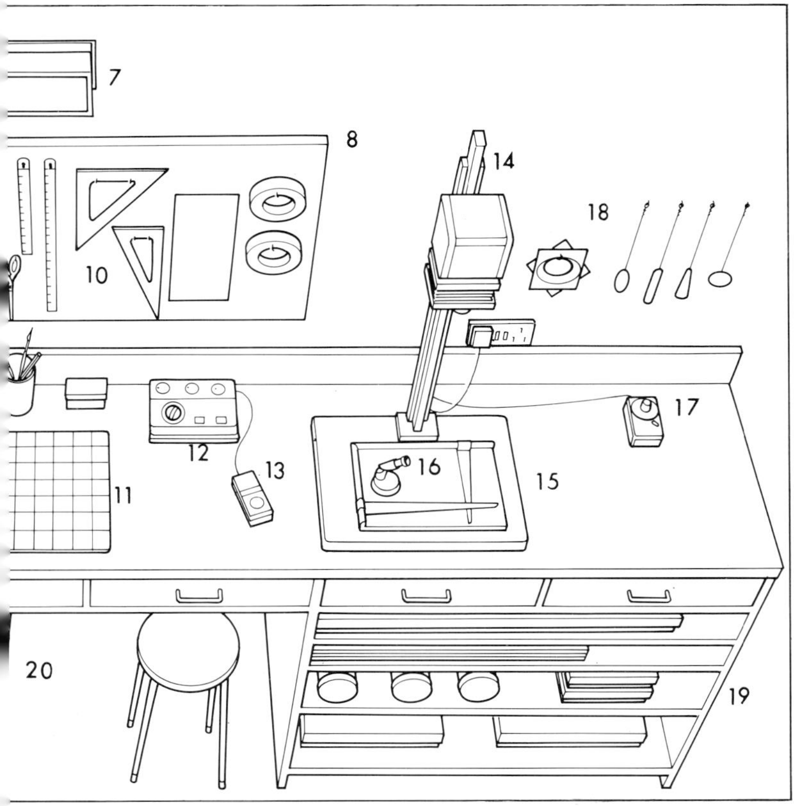

11. Cuchilla y tablero de cortado
12. Analizador del color
13. Sonda del analizador
14. Ampliadora con cabezal de color
15. Bastidor con máscaras ajustables
16. Lupa de enfoque
17. Exposímetro
18. Máscaras para impresión
19. Espacio para guardar el papel.
20. Papelera

LA ZONA HÚMEDA

El revelado y la mezcla de los productos químicos deben efectuarse en una zona separada. Puede comprar cubas especiales de revelado en polipropileno, cloruro de polivinilo o fibra de vidrio, que controlan las salpicaduras y son fáciles de limpiar después del revelado. No obstante, si trabaja con cuidado, puede también llevar a cabo las operaciones directamente sobre la mesa, siempre y cuando el lavadero esté cercano y la zona esté bien recintada. Cubra la superficie de trabajo con una lámina de plástico para protegerla de las sustancias químicas y coloque una pantalla adecuada en la pared y un borde frontal en la mesa.

La ilustración inferior muestra una posible forma de organizar la mesa de trabajo. Está diseñada para colocarse delante de la mesa de trabajo de la zona seca descrita en la página anterior. La secuencia de revelado transcurre normalmente de izquierda a derecha. Las copias llegan por la izquierda procedentes de la ampliadora, pasan a la cubeta de revelado, a la cubeta de lavado y finalmente a la de fijado, dispuestas en fila a lo largo de la superficie de trabajo; en último lugar llegan al lavadero. Esta disposición es adecuada para la mayoría de personas diestras. Los zurdos preferirán organizarse el espacio en sentido contrario.

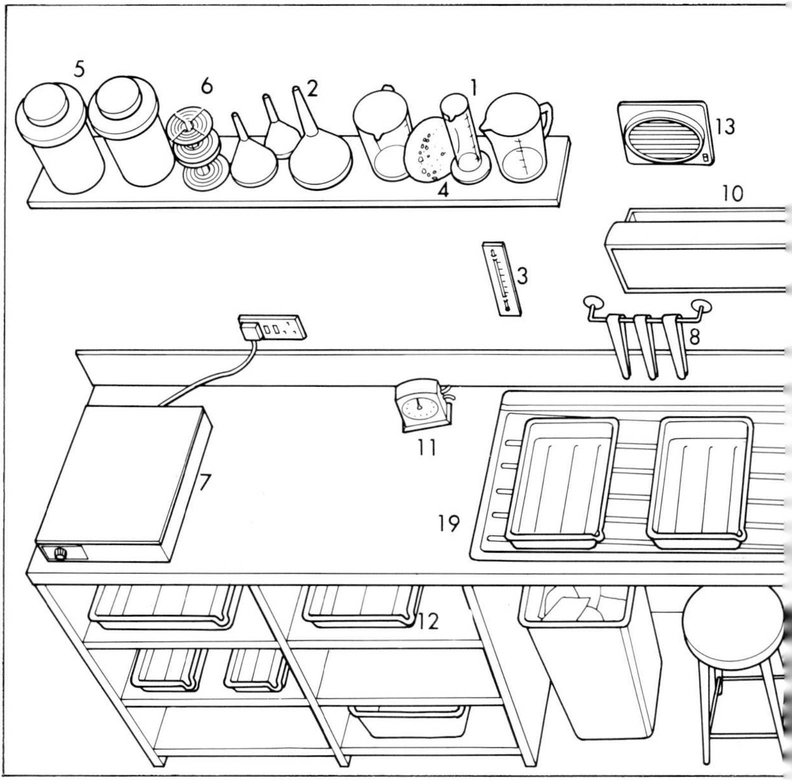

1. Frascos y probetas graduados
2. Embudos
3. Termómetro
4. Esponja
5. Tanques de revelado para película
6. Espirales
7. Calentador de cubetas
8. Pinzas para las copias
9. Tambor de revelado para copias
10. Luz de seguridad

Si el espacio es muy escaso puede disponer en fila las tres cubetas necesarias para el revelado de copias en blanco y negro en estantes separados.

El suministro de agua corriente y el lavadero no son absolutamente imprescindibles, puesto que puede utilizar el agua contenida en bidones. No obstante, disponer de un grifo con agua corriente y un lugar donde vaciar las disoluciones facilita el trabajo.

Una buena luz de seguridad es esencial. Al sacar las copias en blanco y negro es importante que pueda ver con claridad.

El interruptor de la luz principal debe ser accesible desde ambas zonas de trabajo. Lo mejor es disponer un cordón del que pueda tirar incluso con las manos húmedas.

Ventile bien la zona circundante a la mesa de trabajo.

Guarde los productos químicos lejos de la zona seca del laboratorio.

Si dispone de un tambor de revelado estanco a la luz puede revelar sin necesidad de una zona húmeda; puede servirse de un fregadero ordinario. Si está en la cocina, asegúrese de no contaminar la comida ni los cubiertos.

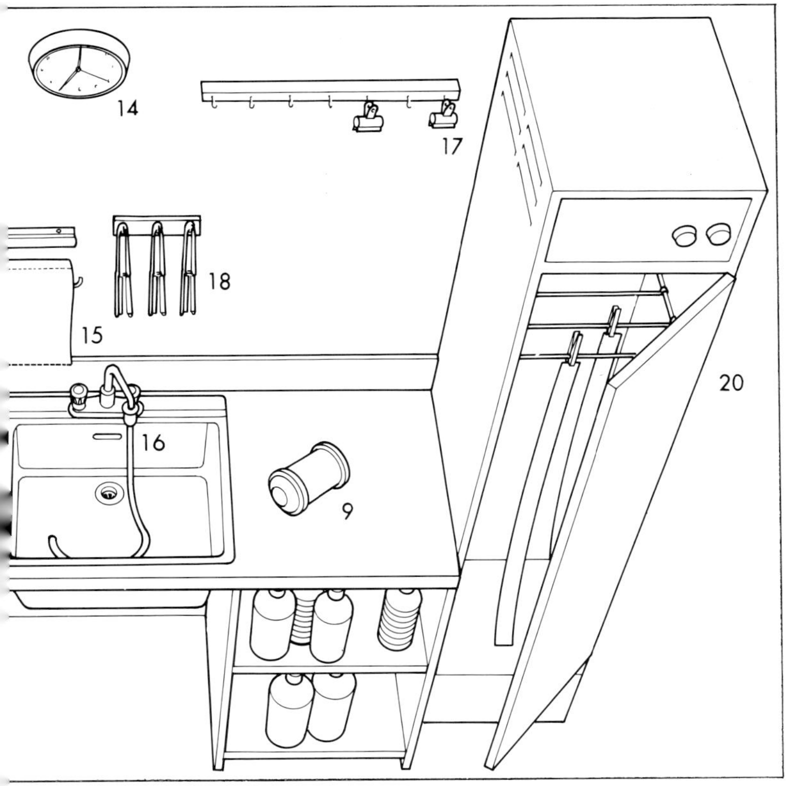

11. Temporizador
12. Espacio para guardar las cubetas
13. Extractor de aire
14. Reloj con esfera clara
15. Toallas de papel
16. Filtro para el agua
17. Clips
18. Escobillas escurridoras
19. Tablero de escurrido
20. Armario para secado de películas

CÓMO LLEGAR A LA COPIA

El esquema de esta página muestra los principales pasos necesarios para llegar a la copia final, según se empleen los tres tipos de película más comunes: negativos en blanco y negro, negativos de color y película reversible de color. En cada caso, el primer paso es siempre el mismo: cargar la película ya expuesta en un tanque de revelado estanco a la luz.

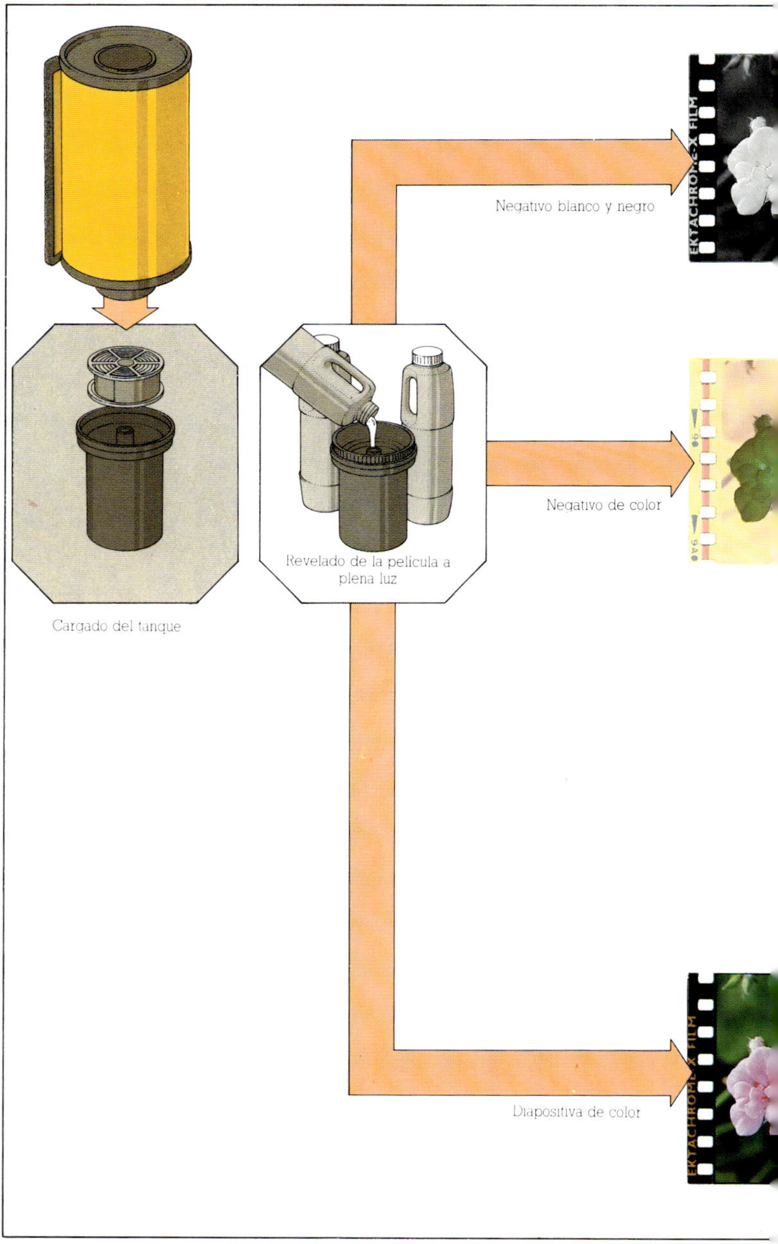

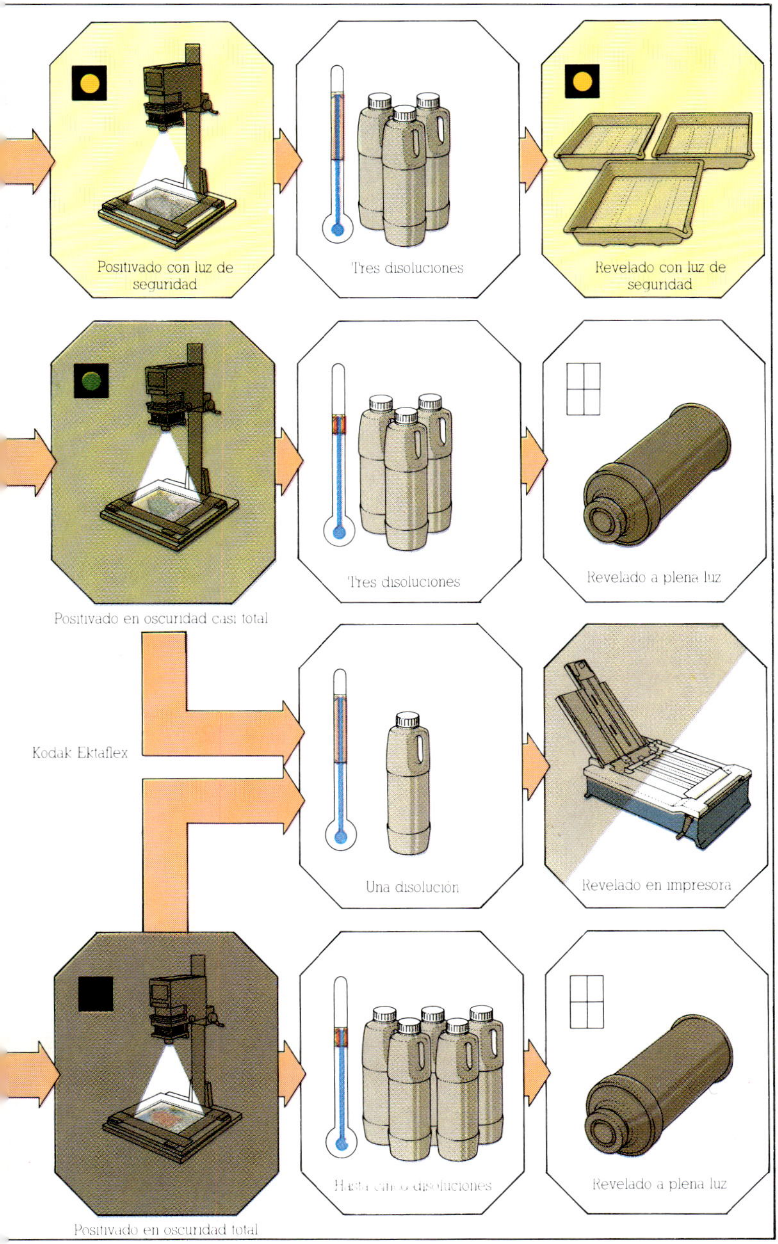
Positivado con luz de seguridad
Tres disoluciones
Revelado con luz de seguridad
Tres disoluciones
Revelado a plena luz
Positivado en oscuridad casi total
Kodak Ektaflex
Una disolución
Revelado en impresora
Hasta cinco disoluciones
Revelado a plena luz
Positivado en oscuridad total

MODIFICAR LA IMAGEN

El fotógrafo siente siempre la tentación de manipular de alguna forma su obra, aunque sea únicamente para mejorar la composición. Estas manipulaciones pueden ir desde una simple corrección de la perspectiva en la ampliadora a una compleja transferencia de colores: de esta forma puede llegar a cambiar parcialmente la imagen o crear una enteramente nueva. Los ejemplos siguientes muestran como manipular una imagen.

Control de la exposición local
Empleando máscaras para cubrir ciertas zonas de la copia durante la exposición es posible ejercer un control muy preciso sobre el aspecto final de la copia. Estas técnicas incluyen el reservado con sobrexposición (páginas 58-59); el reservado con subexposición (60); el control del contraste (61); el viñetado (62-63); y el control de la perspectiva (64-65).

Efectos de textura
Existen varias formas de dar «textura» a sus copias: es posible imprimir en distintos tipos de papel (brillante, liso, mate, «cáscara de huevo», etc.); cubrir la copia con máscaras de distinta textura durante la exposición (88-89) e incluso imprimir las copias sobre una gran variedad de superficie (112-113).

Acabado de la copia
Incluso la copia ya acabada puede ser manipulada. Las copias pueden retocarse para disimular las imperfecciones o reparar los defectos (104-105); colorearse a mano con tintes y pinturas (106-107); pintarse con un aerógrafo (108-109); así como sumergirse en baños colorantes para cambiar totalmente el color (110-111).

Técnicas de selección
Muchas técnicas y efectos dependen de separar la imagen original en varios componentes y luego volverlos a combinar en formas distintas. Las imágenes en color pueden separarse en sus colores esenciales (selección de color, 118-119); las de blanco y negro en componentes tonales (selección de tono, 120). Estas técnicas incluyen la posterización (120-121) y la transferencia de color (132-135).

Materiales especiales
Copiando la imagen original en materiales fotográficos diversos es posible crear una amplia gama de efectos. La película lith, que reduce la imagen a sus componentes blancos y negros puros, eliminando los tonos grises, es especialmente útil (88-89). Puede utilizarse en todas las técnicas de selección y con efectos tipo «neón» (130-131). Otros materiales especiales de interés son la película equidensidad (122-123) y los materiales de transferencia de color (132-135).

Combinación de imágenes
Es posible combinar diversas fotografías en la misma copia mediante un elevado número de procedimientos. Entre las técnicas de combinación podemos citar: exposición de los diversos negativos sobre la misma copia (94-95); montaje de copias distintas (96-101); creación de mandalas (128-129); transferencias sucesivas sobre la misma copia (82, 134-135); y conjugado de imágenes (126-127).

Variaciones en el revelado
Una buena parte de los efectos más sorprendentes pueden crearse deliberadamente. Se pueden revelar las copias con sustancias químicas inapropiadas o bien velarlas a propósito durante el proceso para dar lugar a las denominadas imágenes «solarizadas», muy llamativas (90-93).

LA QUÍMICA DEL LABORATORIO

Material imprescindible:

1. Frascos de vidrio
2. Frascos de plástico
3. Varilla agitadora
4. Guantes de goma
5. Termómetros
6. Embudo
7. Jarras para mezclas
8. Probetas graduadas

● **Consiga una serie de jarras** graduadas de distintas medidas: 100 ml, 250 ml y 50 ml. Las de 1.000 ml son apropiadas para medir líquidos en grandes cantidades, pero no para reveladores líquidos concentrados del tipo Kodak HC 110.

● **Emplee recipientes distintos** para cada una de las sustancias químicas. Si ello no es posible, lave bien la jarra antes de verter la siguiente disolución. Emplee siempre una jarra distinta para el blanqueador.

● **No utilice nunca** recipientes de cocina como instrumentos de medida para los productos químicos. No sólo carecen de la precisión necesaria, sino que pueden corroerse y, ser empleados accidentalmente para contener alimentos.

● **Utilice un embudo de plástico** para verter las sustancias químicas en los frascos. Asegúrese de que el embudo dispone de salida de aire para evitar que los recipientes rebosen al llenarlos.

● **Use guantes de goma** cuando se trate de mezclar sustancias tóxicas y corrosivas como muchos ingredientes del blanqueador, de los baños de intensificación o rebajado y ciertos productos Cibachrome. Los guantes de cirujano son aún más eficaces.

● **Compruebe la temperatura** con un termómetro adecuado. Los de alcohol son económicos y precisos para trabajar con película de blanco y negro. Para el color es preciso utilizar uno de mercurio.

● **Proteja** su termómetro de mercurio empleándolo únicamente como referencia. Utilice uno más económico de alcohol para el trabajo rutinario, pero confrontándolo con el de mercurio para confirmar su exactitud. Para ello, coloque ambos termómetros en un baño de agua. Anote la temperatura señalada en cada caso y compruebe los resultados: seguramente mostrarán una ligera diferencia. Vaya añadiendo agua tibia en pequeñas cantidades de forma que la temperatura del baño aumente medio grado cada vez. Anote las lecturas de ambos termómetros y represente los resultados en un gráfico simple. Use luego este gráfico para calcular la lectura verdadera del termómetro de alcohol.

● **No mezcle nunca las disoluciones en cantidad superior** a la necesaria para el momento ya que no suelen ser demasiado estables.

● **Almacene los productos químicos** tal como aconseja el fabricante o en frascos adecuados.

● **Guarde los frascos llenos hasta arriba.** Cuanto más aire hay en el frasco, menos duran las soluciones contenidas en él. Emplee un tarro en acordeón que permita ajustar su tamaño al volumen de la solución, o bien elimine los espacios de aire rellenando el frasco con canicas.

Duración de los productos químicos

	Disolución de trabajo	Solución en frascos medio llenos	Solución en frascos llenos
Reveladores para B/N			
Revelador universal	1 mes	3 meses	6 meses
Revelador para película de grano fino	1 mes	2 meses	6 meses
Revelador para película de contraste	1 mes	2 meses	6 meses
Revelador para papel estándar*	1 día	2 meses	6 meses
Revelador para papel suave*	1 día	6 semanas	4 meses
Fijadores y baño de paro para B/N			
Fijador*	1 día	1 mes	2 meses
Baño de paro*	1 día	sin límite	sin límite
Película de color			
Revelador para negativos	6 semanas	6 semanas	6 semanas
blanqueador	sin límite	sin límite	sin límite
fijador	8 semanas	8 semanas	8 semanas
Primer revelador para diapositivas	4 semanas	1 semana	8 semanas
revelador de color	8 semanas	6 semanas	12 semanas
blanqueador-fijador	24 semanas	24 semanas	24 semanas
Copias de color			
Revelador negativo/positivo	—	2 semanas	4 semanas
baño de paro	—	8 semanas	8 semanas
blanqueador-fijador	—	4 semanas	4 semanas
Primer revelador positivo/positivo	—	1 semana	2 semanas
revelador de color	—	1 semana	4 semanas
blanqueador-fijador	—	2 semanas	6 semanas
Revelador Cibachrome	—	—	4 semanas
blanqueador	—	—	6 meses
fijador	—	—	6 meses

* Los tiempos de conservación de los productos para blanco y negro en disoluciones de trabajo se refieren a líquidos depositados en recipientes sin cubrir.

MEZCLA DE LOS PRODUCTOS

Es posible preparar disoluciones bastante aceptables a partir de los productos químicos «en bruto», pero no hay necesidad de ello. Los preparados comerciales facilitan el trabajo y acostumbran también a resultar más económicos. Además, en muchos casos, sólo la fórmula comercial ofrece resultados aceptables. A excepción de algunos casos especiales, todas las disoluciones empleadas en fotografía se preparan a partir de productos comerciales muy fáciles de mezclar. Pueden presentarse en forma de líquidos concentrados o sólidos en polvo. Los productos base en estado líquido son muy fáciles de manejar. La disolución de trabajo se prepara simplemente diluyendo en agua una parte del concentrado. Los productos en polvo son más baratos, pero algo menos manejables, y tienen el inconveniente de que todo el paquete debe ser utilizado de golpe.

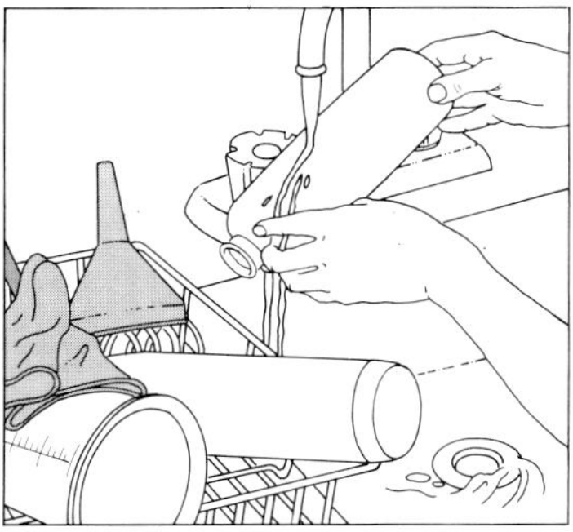

1. Limpie bien todos los recipientes y demás instrumental necesario para la mezcla bajo un chorro de agua corriente. Emplee detergente normal para eliminar las manchas más resistentes, nunca otro producto más potente. Coloque los productos en el orden de utilización.

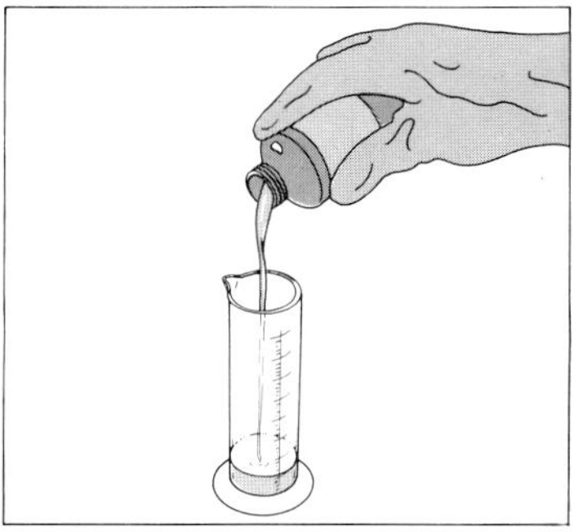

2. Cuando se trate de preparar líquidos muy concentrados, como el humectante, empiece diluyendo el concentrado en una retorta pequeña. Luego podrá añadir esta disolución menos concentrada a la cantidad total de agua en una jarra grande para obtener la dilución deseada.

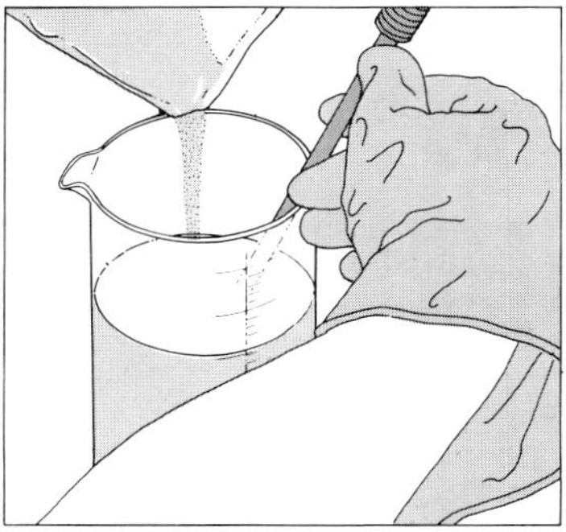

5. En el caso de producto en polvo, añada el contenido de todo el paquete según el orden especificado. Agite continuamente para favorecer la disolución de los polvos. Espere hasta que cada componente se haya disuelto por completo antes de añadir el siguiente paquete.

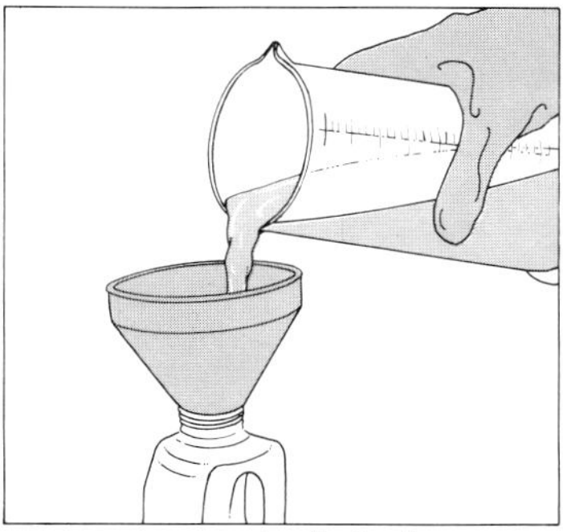

6. Si no va a usar la disolución inmediatamente puede colocarla en un frasco hermético. Para llenar el frasco ayúdese de un embudo y vaya vertiendo lentamente la disolución. Intente llenar hasta arriba el frasco para eliminar el aire y alargar así la vida del líquido. Cierre bien la tapa.

● **Añada siempre los productos químicos al agua,** NUNCA al revés. Sobre todo si se trata de productos que contienen ácidos.

● **Coloque un filtro en el grifo** si sospecha que el agua puede contener impurezas.

● **Emplee todo el paquete** si utiliza sustancias en polvo. No prepare cantidades más pequeñas empleando una porción del paquete. Algunos productos sólo se mezclan completamente cuando se ha llevado a cabo la disolución entera.

● **Limpie bien todo el equipo.**

● **No emplee nunca limpiadores enérgicos** como la lejía, ya que podrían contaminar el recipiente.

● **Las manchas persistentes** se eliminan con productos de limpieza especiales para laboratorio.

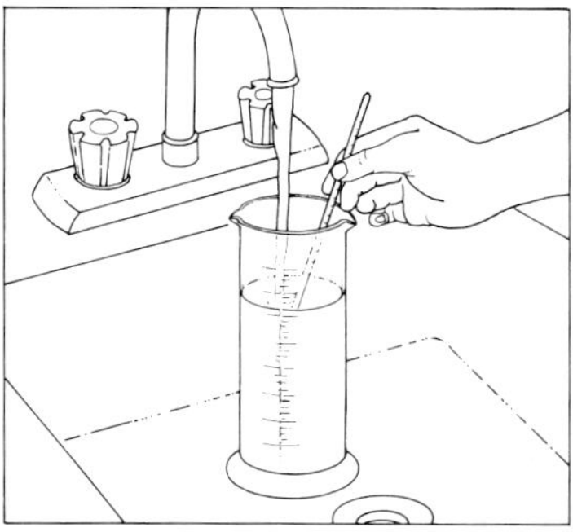

3. Mida el volumen de agua con una probeta graduada grande; en el caso ideal, debería ser un poco mayor que el volumen total de la disolución ya preparada. Compruebe la temperatura del agua y ajústela si es preciso. Este punto es particularmente importante en el caso de productos en polvo.

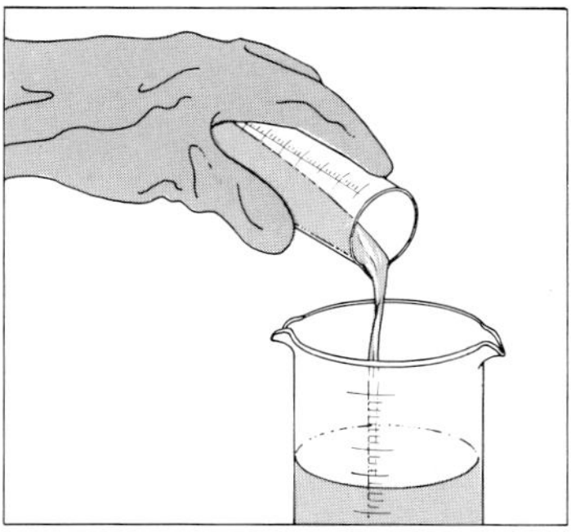

4. Si emplea concentrados líquidos para material de color y blanqueadores, no olvide utilizar los guantes de goma. Vierta todo el contenido de la botella en el agua o bien una parte de ella, según indiquen los fabricantes, y agite bien.

7. Ponga una etiqueta en el frasco y anote el contenido o escriba directamente en el frasco. Anote el nombre exacto de la disolución, el tipo de dilución y la fecha de preparación. Limpie bien el frasco y consérvelo a temperatura ambiente en un lugar oscuro.

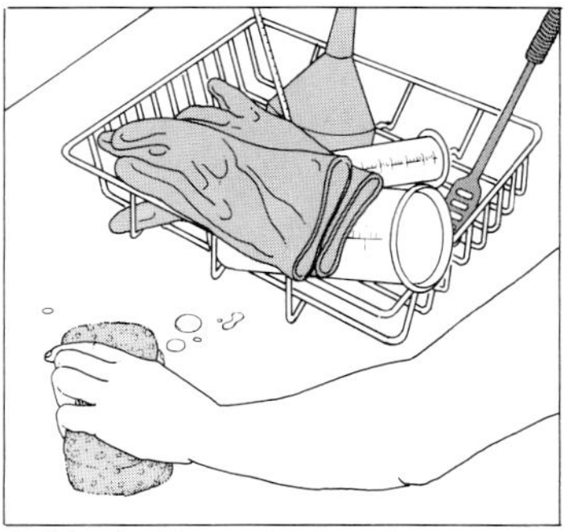

8. Limpie bien todo el equipo empleado con agua o con un limpiador especial para el caso. Recuerde lavar también los guantes, el agitador, el termómetro y las jarras de mezclado. Pase una esponja con detergente por todas las superficies de trabajo.

REVELADO DE PELÍCULAS

Si desea revelar películas tanto en blanco y negro como en color deberá disponer de un tanque de revelado estanco a la luz. Para película de 35 mm en rollos necesitará un tanque de espirales. Se trata de un tanque cilíndrico, en acero inoxidable o plástico, que contiene una bobina con ranuras en espiral para mantener la película en su sitio. Para placas fotográficas se precisan tres tanques hondos.

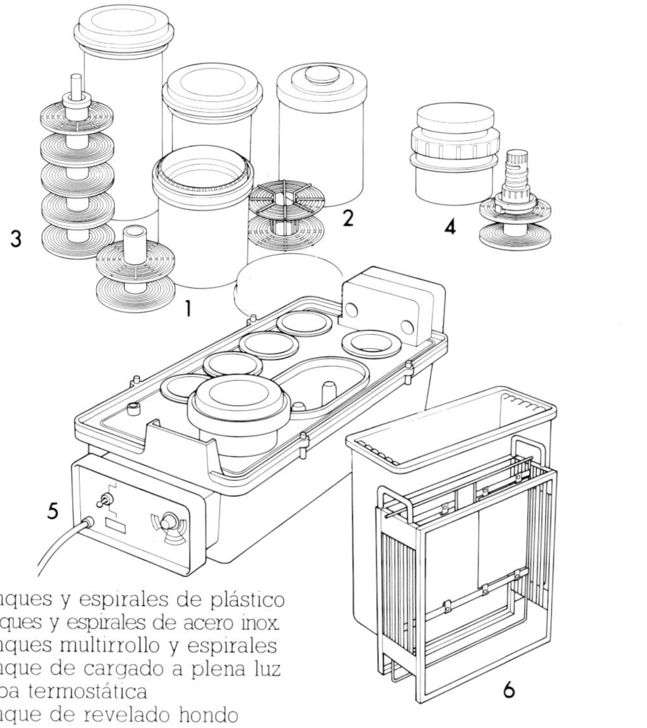

1. Tanques y espirales de plástico
2. Tanques y espirales de acero inox.
3. Tanques multirrollo y espirales
4. Tanque de cargado a plena luz
5. Cuba termostática
6. Tanque de revelado hondo

● **¿Plástico o acero inoxidable?** Los tanques de plástico disponen de una espiral de autocargado y son económicos y resistentes. En los de acero la espiral es más difícil de cargar, pero los riesgos de que la película se enganche son menores, y el tanque puede secarse en un horno para su utilización inmediata.

● **Los tanques multirrollo** pueden ahorrarle tiempo y dinero si se revelan varias películas a la vez.

● **Los tanques de cargado a la luz** disponen de espirales especiales que permiten cargar la película a plena luz. Este sistema es perfecto para aquellos fotógrafos que revelan carretes de vez en cuando, pero el gran volumen de productos químicos empleados los hacen poco rentables si su empleo es más frecuente.

● **Cuando se trabaja normalmente con color,** donde el control preciso de la temperatura es muy importante, merece la pena adquirir una cuba termostática para mantener el tanque y las disoluciones a la temperatura necesaria.

● **Los tanques de revelado hondos** suelen ser de plástico o caucho. Para placas de color es mejor el plástico, puesto que los productos químicos para revelar el color atacan la goma.

REVELADO DE COPIAS

Para revelar copias en blanco y negro sólo se necesitan tres cubetas abiertas. También es posible revelar así las copias de color, pero el trabajo debe efectuarse en la oscuridad. Es mejor utilizar tanques de revelado estancos a la luz, en los que se van vertiendo por orden las distintas disoluciones. Estos tanques pueden oscilar desde el tambor agitado a mano hasta las procesadoras más complejas a motor con control de temperaturas.

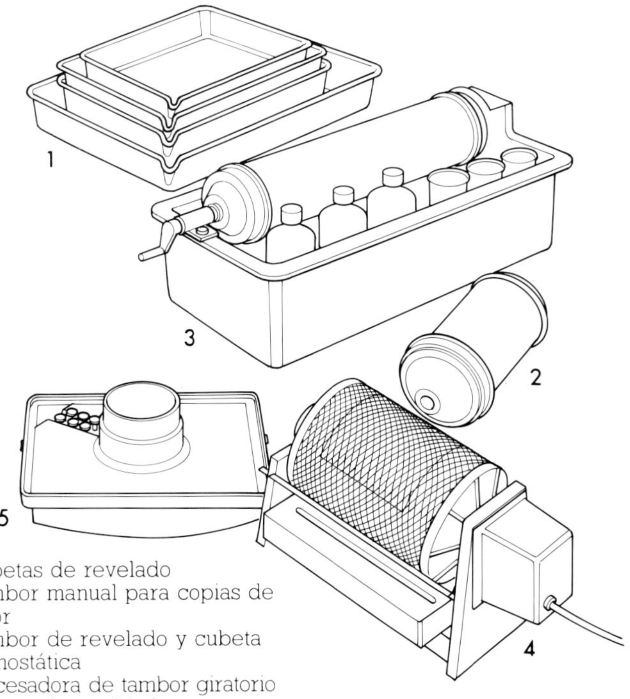

1. Cubetas de revelado
2. Tambor manual para copias de color
3. Tambor de revelado y cubeta termostática
4. Procesadora de tambor giratorio
5. Procesadora orbital

- **Compre tres cubetas para el revelado** de copias en blanco y negro, un color distinto para cada uno de los baños (revelador, lavado y fijador), usando siempre la misma cubeta para cada disolución.

- **Las procesadoras orbitales** suelen ser los tanques más baratos para el revelado de las copias de color. Pueden compararse a un plato curvo con una tapadera y un orificio protegido de la luz para el vertido de los baños; funcionan bien y son ideales para el principiante.

- **Los tambores de revelado para copias de color** se agitan simplemente a mano sobre la superficie de trabajo. Este sistema es bueno si se tiene tiempo y paciencia para asegurar una agitación continua.

- **Un tambor a motor** es una buena inversión si el número de copias a color que va a realizar es elevado, ya que le ahorra tiempo y asegura una agitación precisa y continua.

- **Las cubas termostáticas** se encargan de mantener constante la temperatura, factor de vital importancia en el revelado de las copias de color.

- **Las procesadoras de tambor giratorio** mantienen la copia bajo un retículo de nylon y aceptan una infinita variedad de tamaños de papel.

LA AMPLIADORA

El trabajo en el cuarto oscuro gira en torno a la ampliadora; es muy importante efectuar la elección correcta. Compre el mejor modelo que pueda permitir su economía. No obstante, recuerdo que a igualdad de objetivos, una ampliadora elemental le permite conseguir la misma calidad en los resultados que el modelo más avanzado. El precio alto en un aparato no presupone una calidad máxima en los resultados, más bien le ofrece toda una gama de posibilidades para reducir a un mínimo el esfuerzo de concentración que requiere una copia perfecta.

- **Las ampliadoras verticales,** con la luz colocada directamente encima de la lente, suponen una buena adquisición para empezar. Su construcción sencilla hace que su precio sea considerablemente inferior a los modelos réflex.

- **Las ampliadoras réflex,** con la luz montada horizontalmente y reflejada por un espejo hacia el objetivo, están ganando popularidad rápidamente por una sencilla razón: acostumbran a ser más compactas y menos sensibles al sobrecalentamiento que el tipo tradicional vertical.

- **Para las copias en blanco y negro,** la mejor fuente de luz es un condensador. Las ampliadoras de condensador emplean objetivos colocados por encima del negativo para concentrar la luz, aumentar el contraste y reducir los tiempos de exposición.

- **Para las copias de color** precisará una ampliadora con difusor, a no ser que esté dispuesto a luchar denodadamente contra el polvo. La luz dura del condensador favorece la presencia de polvo y las rayaduras de la película. Las ampliadoras con difusor disponen de una pantalla de vidrio esmerilado para dispersar y suavizar la luz, disimulando los defectos. Con el blanco y negro, la mejora del contraste con el condensador compensa el esfuerzo requerido en la lucha contra el polvo. En el caso del color, no existe ganancia en contraste, y es mucho mejor emplear un difusor.

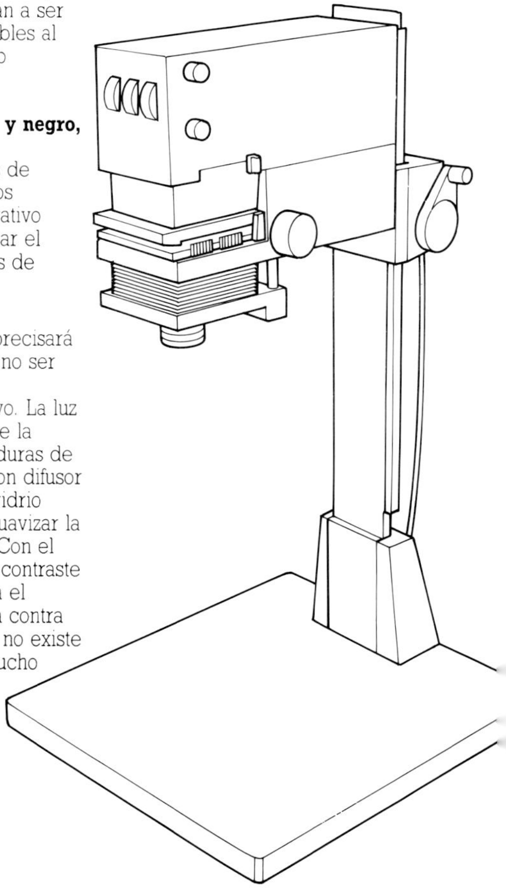

En las copias de color, cada foto precisa de un ajuste cromático de la luz de la ampliadora para obtener el color correcto. Para ello se introducen diferentes filtros coloreados en la trayectoria de la luz (impresión sustractiva) o bien se ajustan los tiempos relativos de exposición por medio de tres filtros estándar (impresión aditiva). Casi todas las ampliadoras modernas ofrecen facilidades para la corrección del color, desde simples portafiltros hasta cabezales con selectores de color incorporados.

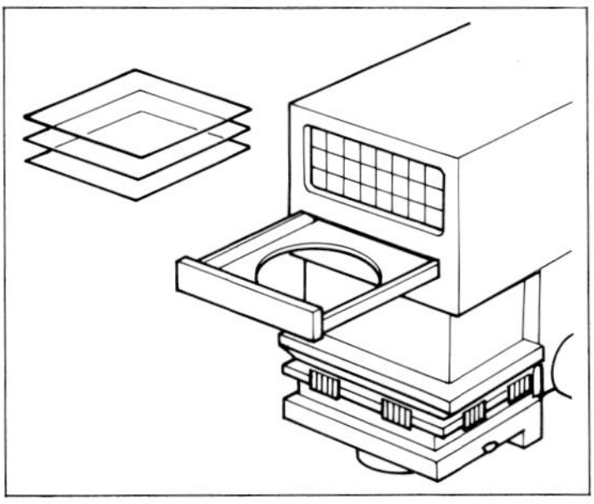

▲El sistema más elemental es un cajón portafiltros situado encima del portanegativos donde pueden colocarse filtros baratos de acetato de forma cuadrada. La corrección acostumbra a ser del tipo sustractivo, y para cada foto se emplean filtros de color amarillo, magenta y cian de distintas densidades. Este sistema es sencillo y económico y funciona tan bien como otros métodos más caros. Su manejo es lento y aburrido.

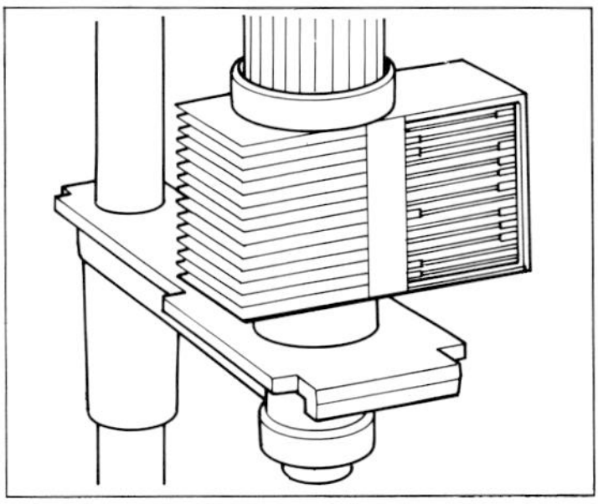

▲El panel de filtros representa un paso adelante respecto al dispositivo simple anterior. Consiste en una caja alargada que se coloca entre la lámpara y el portanegativos. Permite albergar hasta 14 filtros (incluyendo uno UV) que pueden insertarse en la trayectoria de la luz para obtener el equilibrio de color adecuado. Este sistema es efectivo y mucho más descansado que el anterior, pero su alcance queda limitado por el restringido número de filtros.

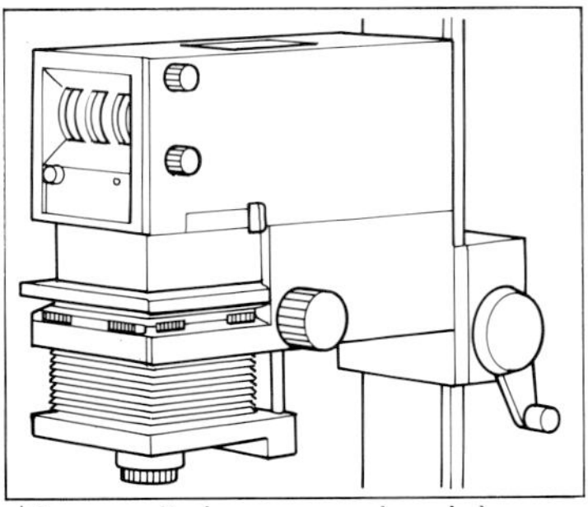

▲Las ampliadoras con cabezal de color incorporado son las mejores, aunque las más económicas cuestan más que una cámara SLR de tipo medio. Este tipo de cabezales suelen incluir filtros «dicroicos» en amarillo, magenta y cian, que pueden ajustarse progresivamente mediante un dial en la trayectoria de la luz. Los filtros dicroicos funcionan por interferencia, no por absorción, y son muy resistentes al desgaste.

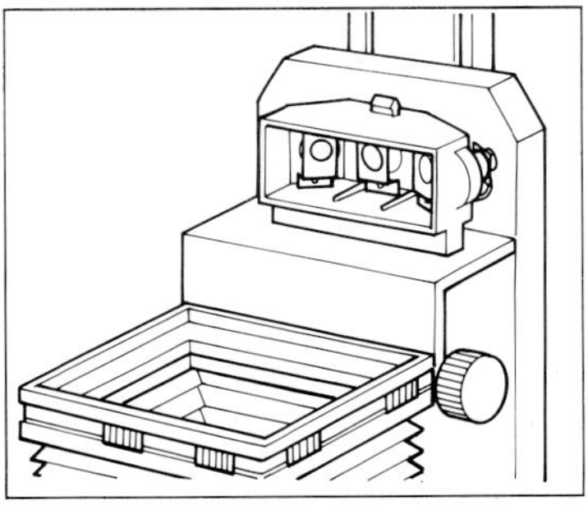

▲Las ampliadoras basadas en el principio de adición tienen tres fuentes de luz (azul, verde y rojo), y la corrección del color se consigue variando la intensidad de cada luz. Acostumbran a ser caras, y el sistema es menos manejable que el sustractivo. Proporcionan un control más preciso del equilibrio del color y es más fácil obtener efectos, como la solarización y el positivado de negativos de blanco y negro en color.

LA AMPLIADORA: MOVIMIENTOS

Cuando haya decidido el alcance de su inversión y el tipo de ampliadora que necesita puede ya empezar a considerar los distintos modelos y las ventajas que ofrecen. Un detalle muy importante a tener en cuenta es la solidez del aparato: un problema muy corriente en las ampliadoras de menor precio es la presencia de vibraciones durante la exposición. Una columna y un cabezal sólidos y bien diseñados son ya el primer paso hacia la obtención de copias de calidad.

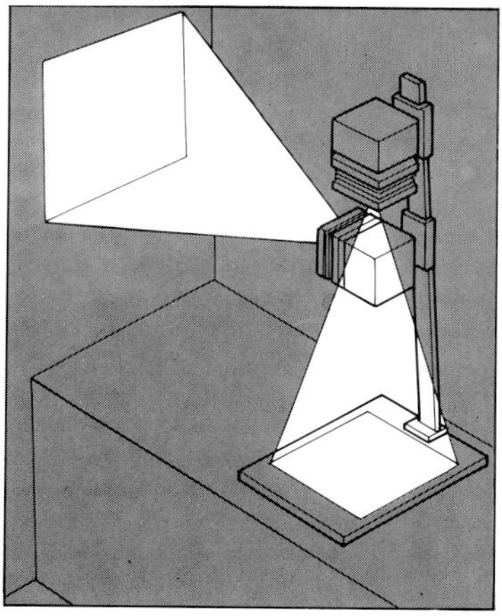

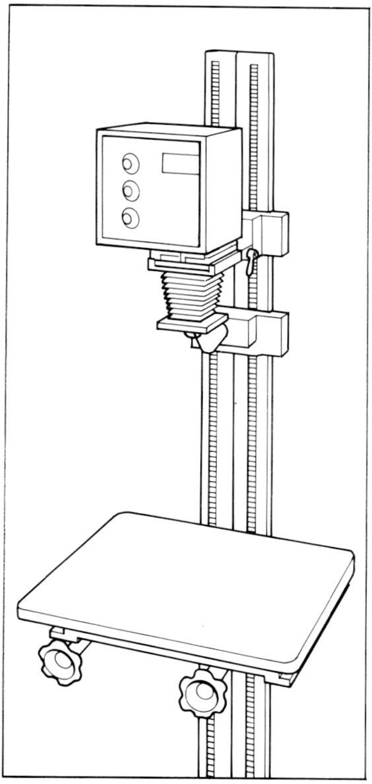

- **Busque cabezales intercambiables.** No sólo le será más fácil pasar del blanco y negro al color, sino que podrá realizar el tipo exacto de trabajo sin necesidad de disponer de dos ampliadoras completas. Un cabezal de condensador para blanco y negro puede reemplazarse en pocos minutos por uno para color.

- **Un cabezal basculante** puede resultar muy útil si acostumbra a hacer copias de gran tamaño. De esta forma se puede compensar una columna demasiado corta. Girando el cabezal 90° respecto de la columna (izquierda, arriba) puede proyectar una imagen mucho mayor en la pared que sobre el tablero de la ampliadora.

- **Las columnas inclinadas** permiten obtener proyecciones grandes sin que estorbe la base de la columna.

- **Elija una columna alta** si piensa realizar muchas copias de gran tamaño. Una columna alta es mejor que un cabezal basculante, pero su difícil construcción eleva el precio considerablemente.

- **Las columnas de doble tubo** proporcionan un soporte mucho más firme para el cabezal. Las de forma rectangular son aún más sólidas.

- **Los frenos de fricción** constituyen un sistema económico y simple de sujetar el cabezal a la columna, pero es difícil calcular la posición adecuada con exactitud.

- **Los engranajes de cremallera** permiten desplazar el cabezal arriba y abajo por la columna con gran precisión y seguridad, pero son más costosos.

- **Las ampliadoras adosadas a la pared** (izquierda) son muy rígidas y permiten obtener una variedad de tamaños más amplia que las de mesa.

LA AMPLIADORA: OBJETIVOS

Hasta hace poco, mucha gente intentaba realizar sus ampliaciones con el objetivo de la cámara, pero sólo una lente diseñada especialmente para esta labor puede ofrecer resultados de buena calidad. El objetivo de la ampliadora determina la calidad de sus copias, y merece la pena comprar el mejor, dentro de las posibilidades de cada cual. Ningún proceso técnico puede compensar una lente de baja calidad.

- **Si su ampliadora dispone ya de un objetivo** en el momento de la compra, no piense que éste es necesariamente el mejor. Los fabricantes de ampliadoras deben satisfacer cualquier tipo de demanda.

- **Las lentes de tres elementos** son relativamente baratas, pero no suelen tener una gran resolución y tienden a degradar los lados (viñeteado) oscureciendo en las zonas alejadas del centro.

- **Observe la definición de los bordes.** Es en los márgenes de la imagen donde las lentes de poca calidad muestran sus defectos.

- **Tenga mucho cuidado con el viñetado** si intenta sacar copias a partir de diapositivas. El elevado contraste de las transparencias hace que este efecto aparezca muy marcado. Puede minimizarse reduciendo la abertura del diafragma.

- **Elija la distancia focal** que se ajuste al formato de la película empleada y al tamaño de copias deseado. Las distancias focales largas dan mejores resultados; las cortas son más manejables porque proporcionan una imagen mayor para una altura determinada del cabezal. La lente debe ser lo suficientemente ancha como para cubrir el formato de la película sin pérdida de calidad. Busque una distancia focal similar a la diagonal del formato de la película. Una lente de 50 mm es adecuada para el material de 35 mm; los negativos de 6 × 6 cm necesitan una de 80 mm.

- **No utilice lentes demasiado cortas** Los objetivos gran angular corrientes sirven únicamente con ampliaciones a un formato grande.

- **Algunos objetivos gran angular modernos** pueden utilizarse también con películas de formato pequeño. Su precio es elevado.

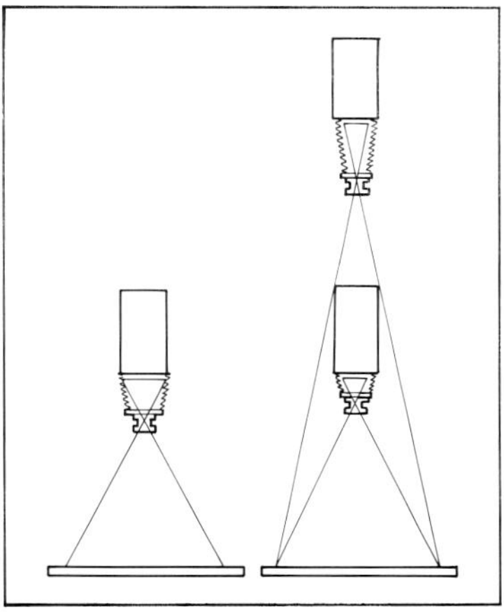

▲Hay que igualar la distancia focal a la diagonal de la película, pero para ello, el cabezal de la ampliadora debe situarse a una distancia considerable, si se desea obtener copias grandes a partir de película de formato pequeño (derecha).

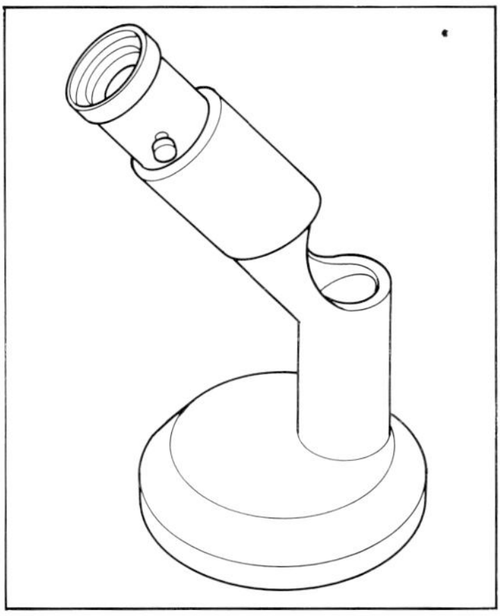

▲Ni los objetivos más caros de seis elementos dan buenos resultados si el enfoque es incorrecto, por lo que merece la pena comprar una lupa de enfoque para conseguir la máxima nitidez en la imagen. Ello permite enfocar sobre el grano de la película.

APARATOS DE CONTROL

El control de la precisión es fundamental en muchos aspectos del trabajo de laboratorio, y en el mercado se encuentran muchos elementos que ayudan a conseguir el grado de precisión necesario. Existen temporizadores para controlar el tiempo de los procesos y exposiciones; exposímetros para determinar la exposición necesaria para cada copia; y analizadores del color que le ayudan a encontrar el filtrado necesario para conseguir un perfecto equilibrio del color en las copias. A excepción del temporizador, los demás instrumentos no son esenciales, pero ayudan a eliminar algunas de las tareas más aburridas del laboratorio.

● **Los temporizadores de tipo universal,** que señalan tanto los minutos como los segundos, son adecuados para el trabajo rutinario en blanco y negro. Sus limitaciones comienzan a hacerse evidentes al intentar reservar las copias, o bien al realizar secuencias de procesado en color más complejas.

● **El revelado del color** implica numerosos pasos, cada uno de distinta duración, y un temporizador especial puede resultar de gran ayuda. Incluso los más sencillos poseen la ventaja de cronometrar cada uno de los pasos en una larga y variada gama de intervalos, hasta un máximo de una hora.

● **Los temporizadores de aviso acústico** son los más baratos. Como pueden producir una señal audible cada segundo, le permiten concentrarse en el proceso de reservado de las copias.

● **Los temporizadores programables** son caros, pero conectan y desconectan la ampliadora automáticamente, asegurando un tiempo de exposición preciso y permitiéndole concentrarse en las variaciones locales de la exposición.

● **Los temporizadores de doble uso** combinan en una sola unidad el control de revelado y de exposición, pero su precio puede ser muy elevado.

● **Los exposímetros** ahorran tiempo y dinero en ensayos de prueba, ya que indican la exposición que requiere cada copia. Los aparatos que dan una lectura «integrada» de toda la imagen son más manejables y más económicos, pero su precisión es inferior. Los aparatos más costosos son los de «campo reducido», que permiten efectuar lecturas en las áreas escogidas de la imagen.

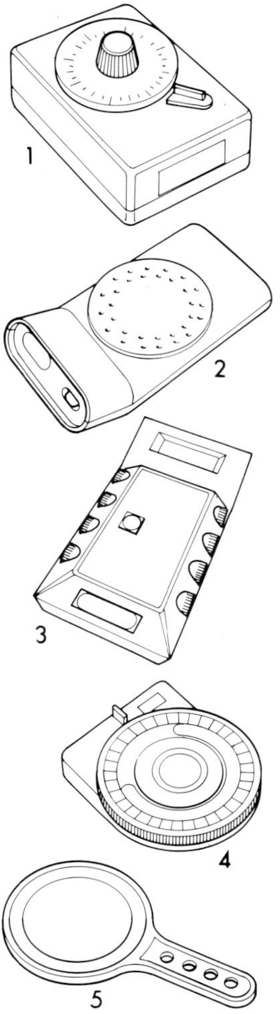

1. Temporizador de relojería
2. Temporizador de aviso acústico
3. Temporizador programable
4. Exposímetro de campo reducido
5. Difusor

ACCESORIOS PARA EL COLOR

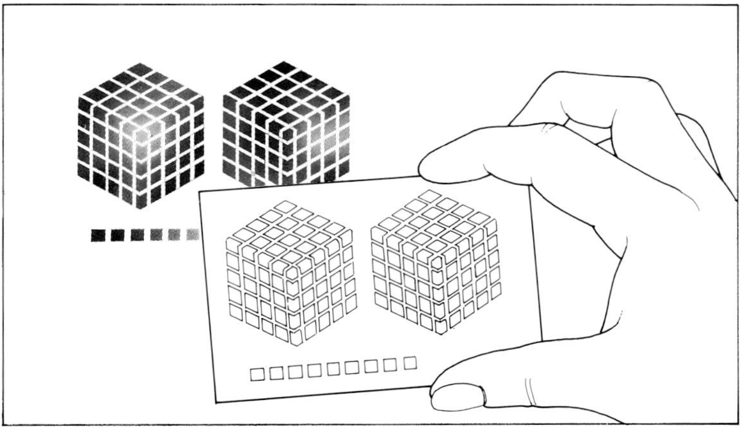

▲Los mosaicos de color constituyen el complemento más económico y simple en la elaboración de copias en color. Con la imagen totalmente difusa se efectúa una copia de ensayo colocando un mosaico de filtros de distintos colores. Una vez revelada la copia se busca el cuadrado más próximo al gris neutro para establecer el filtrado.

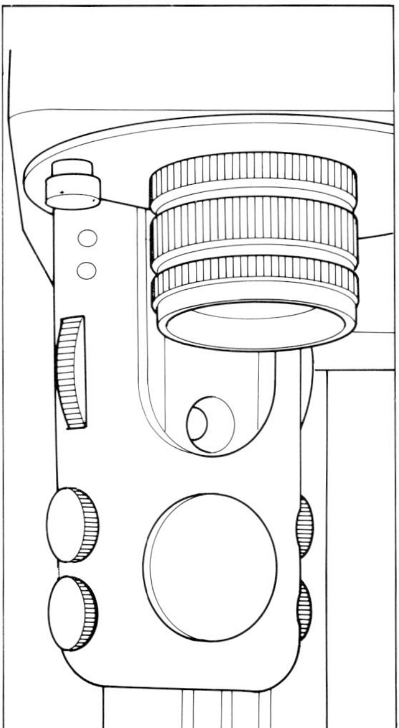

▲Algunos analizadores del color, como éste fabricado por Rodenstock, tienen una amplia gama de funciones. El analizador es una parte del sistema de impresión en color, que contiene un juego de filtros para efectos. El analizador propiamente dicho está conectado a un objetivo especial, y una prueba colocada entre los elementos del objetivo asegura una lectura integrada del color del negativo.

▼Los aparatos para analizar el color le ahorran tiempo y le evitan llevar a cabo las copias de prueba. Algunos miden el color total de la copia e «integran al gris» para obtener el filtrado correcto aplicable al negativo. Los aparatos más caros toman una lectura puntual del color, ofreciendo toda la información necesaria para calibrarlo perfectamente. Tanto los modelos integradores como los puntuales son caros y hay que hacer un número muy elevado de copias para llegar a amortizar la compra.

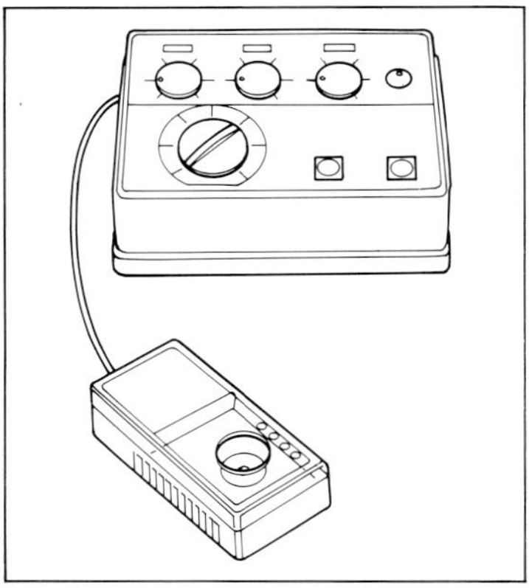

LAVADORES DE COPIAS

Todas las copias efectuadas mediante técnicas convencionales deben pasar por una etapa de lavado después del revelado para eliminar los productos químicos residuales. Las únicas excepciones son los sistemas Agfachrome-Speed y Ektaflex, que proporcionan copias secas. El sistema de lavado depende del tipo de papel empleado. El tradicional papel de fibra absorbe una gran cantidad de sustancias químicas, y el aclarado debe ser lento. Los modernos papeles con capa de resina (RC) precisan únicamente un lavado rápido superficial bajo un chorro de agua.

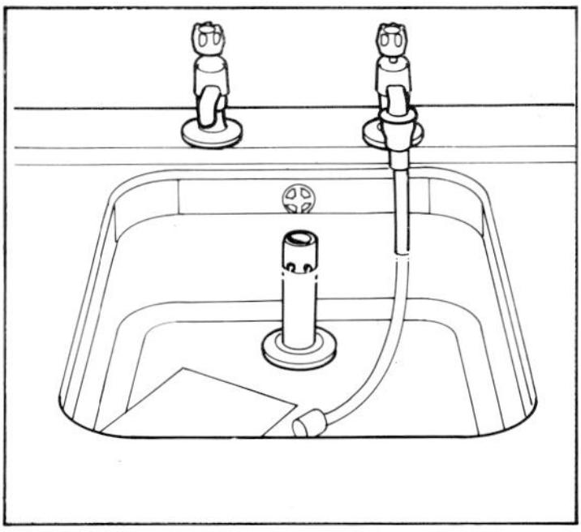

▲La forma más sencilla y barata de lavar una copia consiste en colocar un tubo de rebose en el desagüe de la pica, lo cual permite que el agua vaya circulando sin alterar el nivel. Este sistema es lento pero adecuado para el papel de fibra. Los inconvenientes son que inutiliza el fregadero para otras tareas y permite lavar sólo muy pocas copias a la vez.

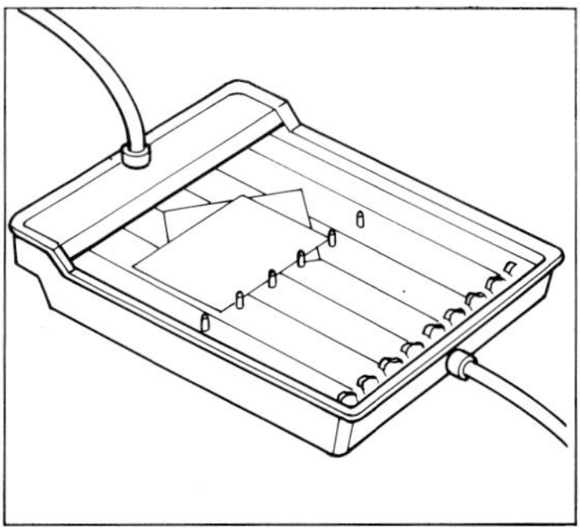

▲Algunos lavadores aprovechan las características de rapidez del papel RC, mediante flujos de agua que pasan rápidamente por ambas superficies de la copia. Pueden llegar a lavar cuatro copias en menos de tres minutos; para evitar que las copias se peguen, existen unos separadores. Puede lavar también copias de fibra, pero el flujo de agua debe ser muy lento.

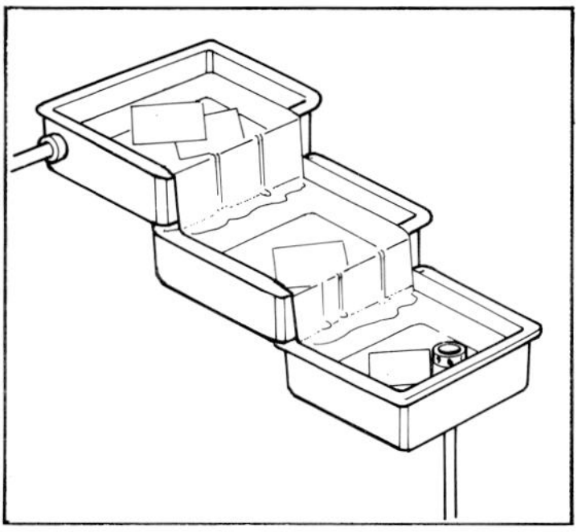

▲Para lavar mejor el papel de fibra se puede crear una cascada de agua con varias cubetas. El agua limpia circula desde la cubeta superior a la inferior, y las copias se van subiendo progresivamente para que el agua de lavado sea siempre más limpia. De esta forma es posible lavar cinco o seis copias de golpe.

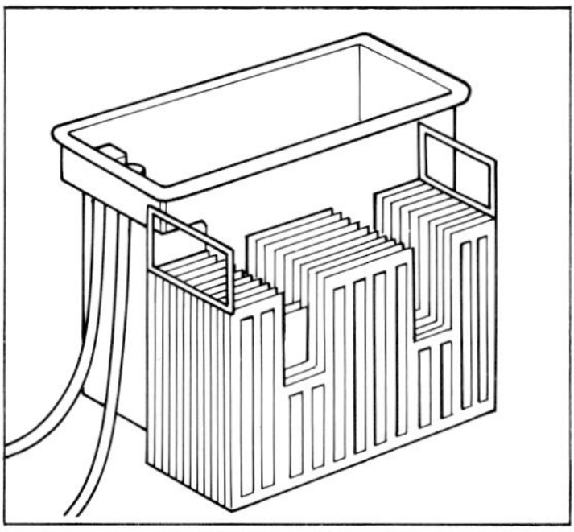

▲Los lavadores automáticos no son económicos, pero son adecuados para todo tipo de papel y permiten la introducción de 12 copias a la vez. El agua que entra va moviendo el armazón, asegurando así un lavado completo. Su formato compacto permite colocarlo en el fregadero o en el espacio dedicado al escurrido.

SECADORAS DE COPIAS

Para secar las copias puede colocarlas en forma plana sobre papel secante, o colgarlas o incluso emplear un secador de pelo. Si no dispone de mucho tiempo y desea secar un número elevado de copias, merece la pena comprar una buena secadora. Estos aparatos pueden proporcionar también un mejor acabado. Por desgracia, no todas las secadoras van bien para ambos tipos de papel. Los papeles RC no pueden secarse en esmaltadoras de tambor o de base plana, mientras que el papel de fibra tiende a curvarse en las secadoras de aire caliente.

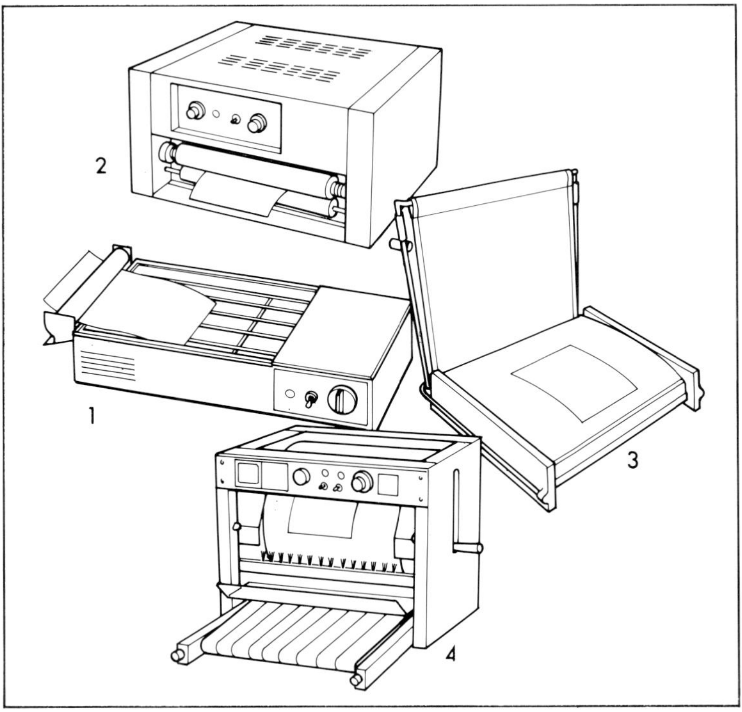

1. Secadora manual
2. Secadora automática
3. Esmaltadora de base plana
4. Esmaltadora de tambor

● **Las secadoras manuales** hacen circular aire caliente sobre la copia. La temperatura está controlada por un termostato, pero hay que introducir el papel en el rodillo a mano y sacar la copia de la base cuando ya está seca.

● **Las secadoras automáticas** aceptan copias en ambos tipos de papel directamente del lavador, pero los papeles de fibra tienden a curvarse. Las copias en papel RC se secan en cuestión de segundos.

● **Las esmaltadoras de base plana** proporcionan un acabado mate o satinado a los papeles de fibra y aseguran un secado sin ondulaciones. Las copias se mantienen sobre una superficie metálica algo curva y caliente con la ayuda de una lona tensada. Pueden secar menos de 30 copias de 18 × 24 cm a la hora.

● **Las esmaltadoras de tambor** pueden secar cientos de copias de fibra por hora, pero acostumbran a ser demasiado costosas.

PREPARE EL REVELADO

Si no efectúa otros trabajos en el laboratorio, revele sus propias películas en blanco y negro. El revelado de este material es simple, fácil de aprender y requiere un mínimo de equipo especializado. No precisa siquiera un cuarto oscuro. Sólo revelando las películas Vd. mismo puede llegar a alcanzar una práctica y un control sobre los negativos que le permita obtener copias en blanco y negro de buena calidad.

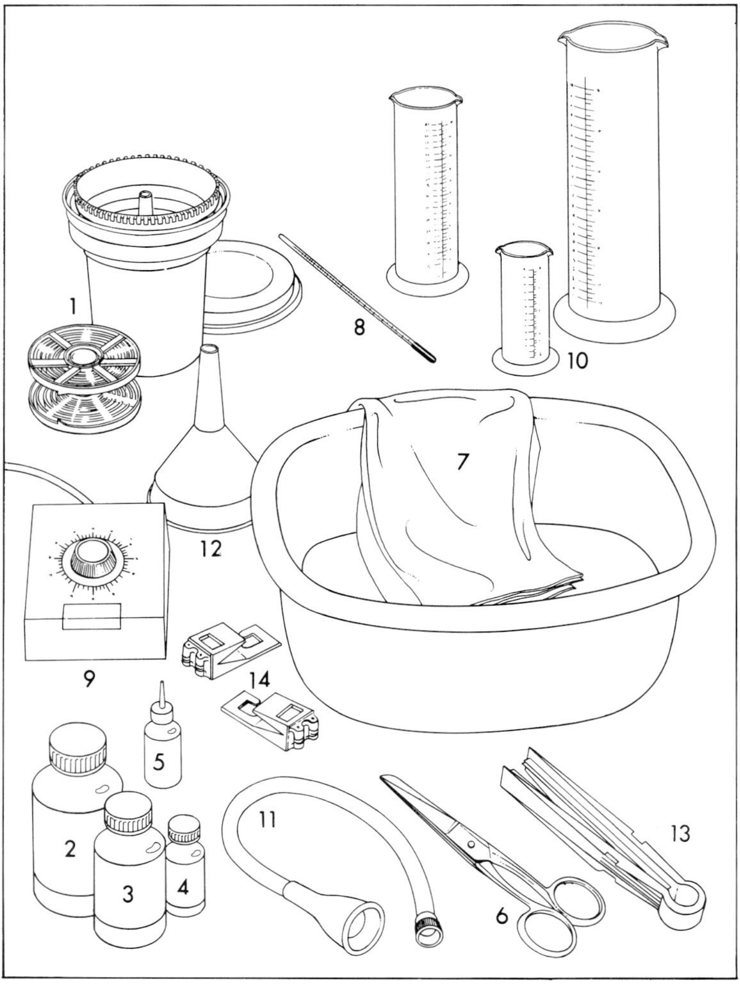

Material imprescindible

1. Tanque de revelado
2. Revelador
3. Baño de paro
4. Fijador
5. Humectante
6. Tijeras
7. Paños absorbentes
8. Termómetro
9. Temporizador
10. Probetas graduadas
11. Tubo de lavado
12. Embudo
13. Escobilla escurridora
14. Pinzas para negativos

Etapas del revelado

● **En la oscuridad**

1. Cargue la película en el tanque

● **A plena luz**

2. Prepare los productos químicos
3. Revele la película
4. Aclare en baño de paro
5. Fije la película
6. Lave
7. Seque

● **El tanque de revelado** es el único elemento del equipo que no puede ser sustituido por otro. Para reducir al mínimo el precio de los productos químicos conviene emplear un tanque lo más pequeño posible, o bien revelar varias películas a la vez.

● **Recipientes de medida.** Si es necesario, puede prescindir de las probetas graduadas. Las disoluciones para blanco y negro se mezclan en partes proporcionales, no en función de los volúmenes absolutos. Si en las instrucciones, por ejemplo, dice que hay que mezclar una parte del revelador concentrado con nueve partes de agua, basta con añadir una medida cualquiera del revelador a nueve medidas de agua.

● **Utilice un temporizador** para controlar cada uno de los pasos. Aunque un reloj con segundero es bastante preciso para el revelado del blanco y negro, los tiempos son tan largos que es fácil despistarse acerca del tiempo transcurrido. Un temporizador le resolverá este problema. Si utiliza un reloj, anote el tiempo final al iniciar cada una de las fases.

● **Atención con las tijeras en punta:** pueden rayar fácilmente la película cuando esté cortando a oscuras. Las tijeras de punta roma son mucho más seguras.

● **Emplee un revelador «universal»** utilizable para todas las películas en blanco y negro (también las copias) en sus primeras experiencias con el revelado. Una vez alcanzados resultados consistentes podrá comenzar a emplear reveladores más especializados (ver páginas 40-41).

● **El baño de paro** entre el revelador y el fijador no es absolutamente imprescindible. El aclarado con agua del grifo basta para eliminar los restos de revelador y evitar que éste pase al fijador. No obstante, el baño de paro neutraliza instantáneamente la acción del revelador, lo que proporciona un control más riguroso sobre el tiempo de revelado.

● **El fijador puede recuperarse** un cierto número de veces, por lo que conviene guadarlo adecuadamente en un frasco de cristal marrón.

● **No emplee detergente** como sustituto del humectante aunque alguien le diga que es posible. Los detergentes modernos son demasiado duros y contienen aditivos que dejan manchas en la película.

● **Temperatura de los productos químicos.** Si se desea trabajar bien, las disoluciones de revelado deben estar a una temperatura constante de 20 °C. Si no dispone de una cuba termostática (ver página 17), la mejor forma de mantener constante la temperatura de los baños es guardar los recipientes en un cubo con agua caliente.

● **Temperatura del baño.** Para que el baño de agua tenga la temperatura adecuada, empiece con agua ligeramente más fría y vaya añadiendo gradualmente agua caliente, controlando la temperatura hasta el punto justo. Es mucho más fácil que añadir agua fría para rebajar la temperatura.

● **Marque las disoluciones** en el orden en que vaya a utilizarlas y colóquelas sobre la mesa de modo que queden a mano.

CARGUE LA PELÍCULA

Para cargar la película en el tanque hay que trabajar en la oscuridad más completa; el resto de las etapas puede efectuarse a plena luz. El mejor lugar para llevar a cabo estas operaciones es un cuarto oscuro convencional, aunque en su defecto puede emplearse cualquier espacio en donde se elimine totalmente la luz. Si cree que va a revelar un número considerable de películas y no dispone de cuarto oscuro, piense en la posibilidad de adquirir una bolsa especial para el caso, estanca a la luz y con orificios para los brazos. En situaciones especiales puede intentar cargar la película en un armario, en el cuarto trastero o incluso bajo las sábanas. Compruebe que no haya luz y recuerde que el ojo tarda unos diez minutos como mínimo en ajustarse a la oscuridad.

Espiral de autocargado

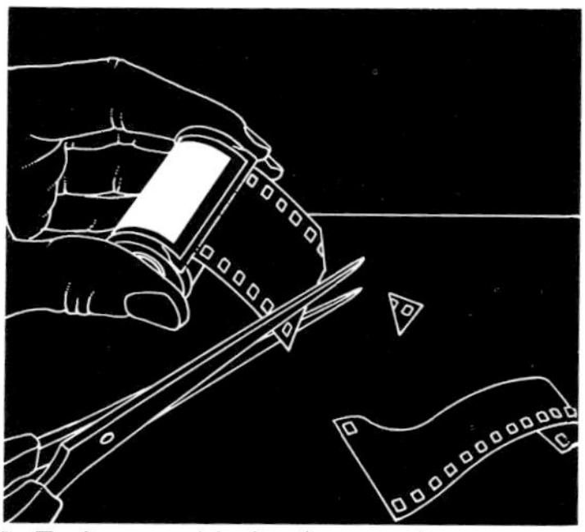

1. En la oscuridad más completa, saque la película del chasis y sujete la bobina con la mano izquierda. Empleando el índice y el pulgar como guía, corte el extremo final de la película entre dos orificios. Luego elimine las esquinas para facilitar el cargado posterior.

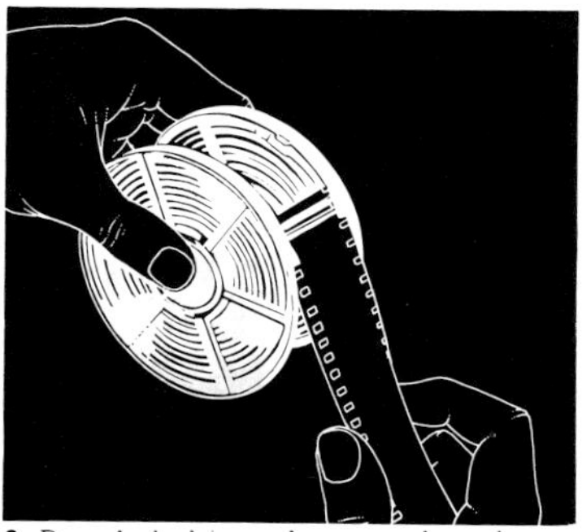

2. Pase la bobina a la mano derecha. Con la izquierda sostenga verticalmente la espiral de forma que los salientes del inicio se encuentren en la parte superior. Pase con cuidado el extremo de la película por la ranura hasta que quede bien sujeta.

Espirales de cargado central

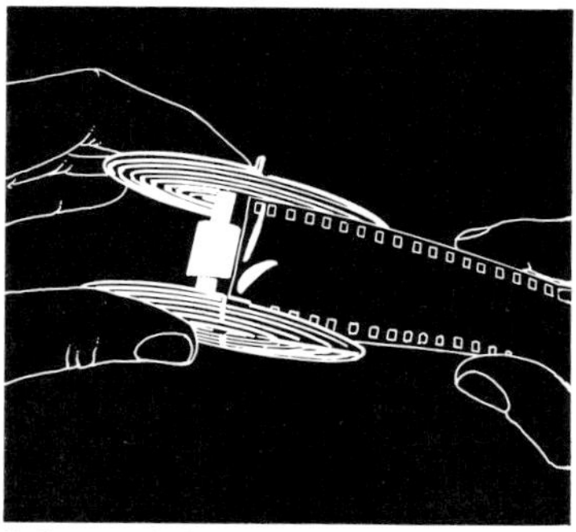

1. Las espirales de acero inoxidable se cargan a partir del centro. En la oscuridad, abra el chasis y corte el extremo de la película. A continuación, y arqueando con cuidado la película hacia adentro entre el índice y el pulgar, vaya guiando el extremo hacia el centro de la espiral.

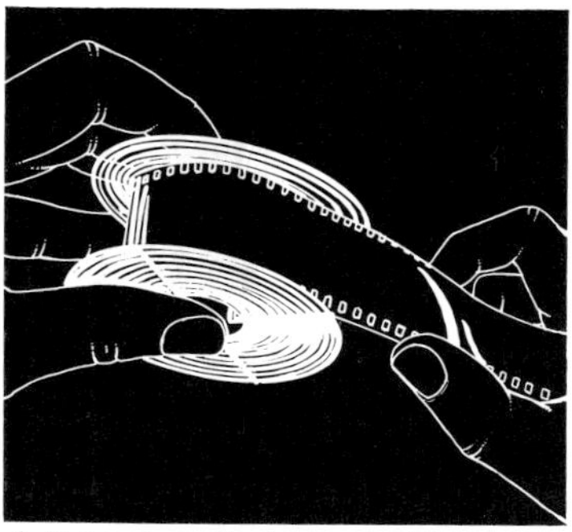

2. Sujete la película en el núcleo, ya sea fijando el extremo en el resorte de sujeción, o bien insertándola en las lengüetas, según cual sea el sistema. Luego, vaya colocando con la mano derecha una cierta longitud de película (unos 15 cm) mientras sujeta firmemente la espiral.

● **Practique el cargado de la espiral** a plena luz del día con un viejo carrete de película antes de arriesgar una película importante. Ejercítese primero con los ojos abiertos y luego cerrados.

● **Limpie y seque bien la espiral** antes de cargar la película: cualquier resto de humedad hará que la película se pegue.

● **Las espirales de acero** pueden secarse calentándolas suavemente en un horno; NO las de plástico.

● **Tenga a mano una bolsa opaca.** Una bolsa de basura negra y gruesa puede ir bien. Si algo sale mal puede colocar momentáneamente la espiral y la película en la bolsa y tomar un descanso.

● **Disponga todo lo necesario** de modo que pueda hallarlo fácilmente.

● **Abra los carretes** (a oscuras) con un abridor de botellas si la bobina está sujeta con grapas. Si no, golpee ligeramente el extremo sobre la mesa.

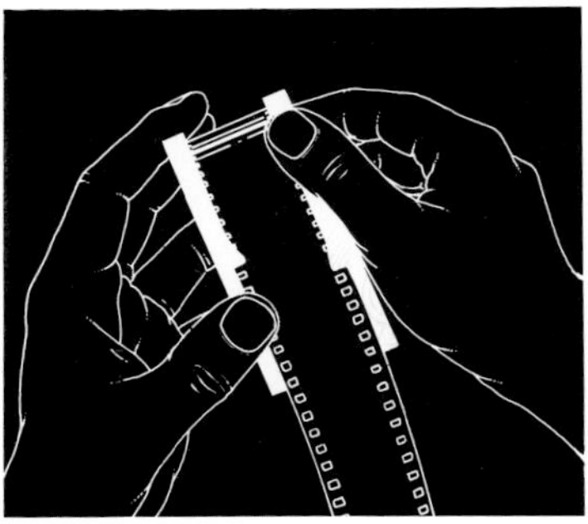

3. Ponga en marcha el mecanismo de autocargado girando ambas partes de la espiral hacia adelante y hacia atrás. Si la película se atasca, muévala ligeramente hacia los lados o retroceda unos centímetros y vuelva a empezar. No fuerce nunca la película.

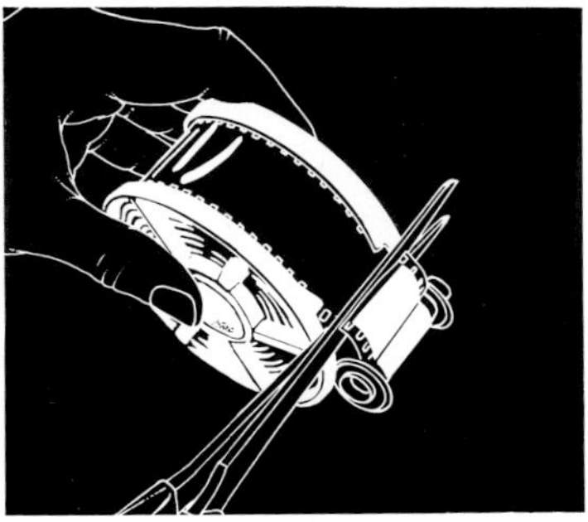

4. Una vez esté la película dentro de la espiral, corte el carrete y sujete con cinta adhesiva el extremo suelto de la película. Luego coloque con cuidado la espiral dentro del tanque, monte todos los componentes, incluyendo el collar de cierre y el eje, y enrosque luego la tapa o presione para que cierre.

3. Para ir cargando la película, gire la espiral ligeramente con la mano izquierda, cuidando que ésta y la película estén alineadas. A medida que vaya girando la espiral, asegúrese de que la película entra en las ranuras. Repita el movimiento hasta hacer entrar toda la película y luego córtela.

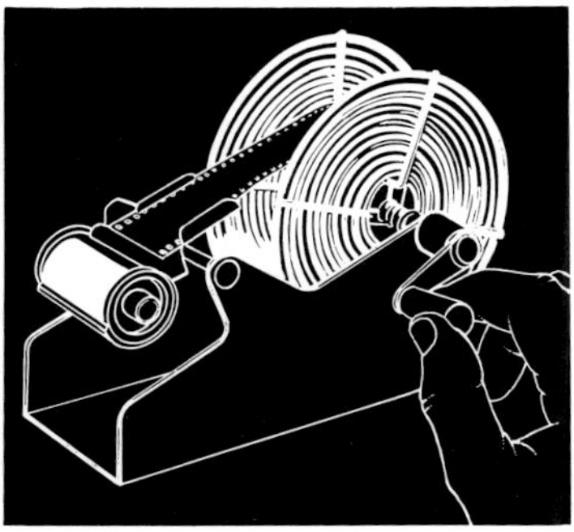

4. Para el cargado a manivela no conviene rebobinar el extremo de la película hasta el final, dejando que se introduzca del todo en el chasis. Si deja una porción de película fuera será posible preparar el dispositivo de cargado a plena luz.

REVELADO Y FIJADO

Una vez colocada la película en el tanque, puede ya encender las luces e iniciar el proceso de revelado. Todo fotógrafo con experiencia de laboratorio sabe la importancia que tiene el control exacto de los tiempos de revelado y de la temperatura de los baños. No obstante, yo he comprobado que un factor muy importante es aplicar una técnica cabal. La única forma de conseguir resultados de alta calidad y poderlos repetir una y otra vez consiste en seguir meticulosamente la misma rutina de revelado, hasta el más mínimo de los detalles. Si por ejemplo decide empezar a cronometrar el tiempo de revelado en el momento en que vierte el revelador en el tanque, hágalo siempre así. No olvide que películas diferentes precisan rutinas también distintas, y merece la pena ir anotando todos los cambios.

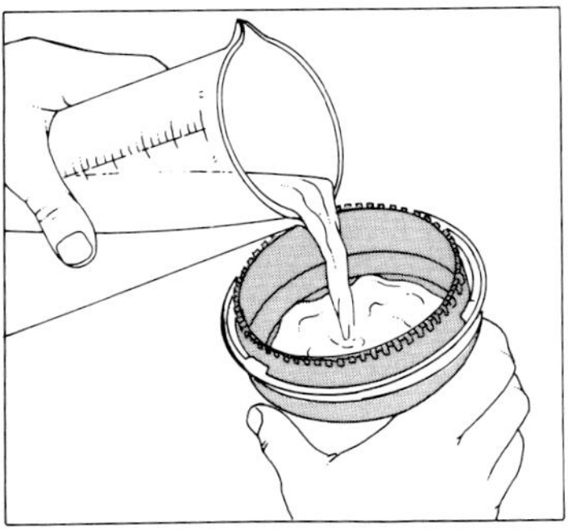

1. Antes de iniciar el revelado de la película, lave bien el termómetro y comprueba la temperatura del revelador. Si ha bajado de los 20 °C, añada un poco de agua caliente al baño de agua para volver a elevar la temperatura. Limpie el termómetro después de usarlo.

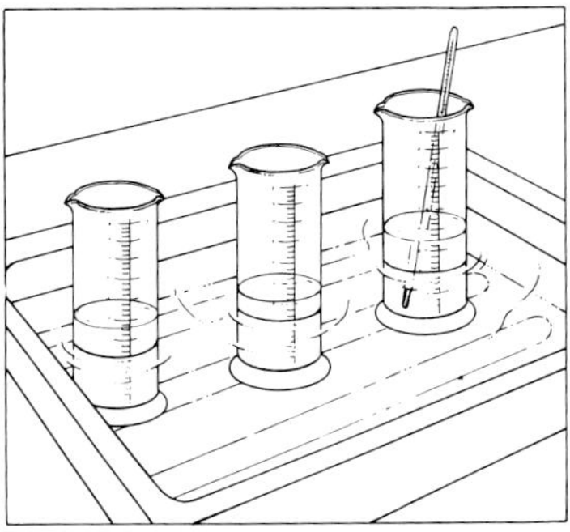

2. Para iniciar el revelado, sostenga el tanque a 45° y vierta la cantidad necesaria de revelador lo más rápidamente posible, pero mantenga constante el flujo: las burbujas de aire pueden ser causa de un revelado desigual. Después empiece a cronometrar el tiempo.

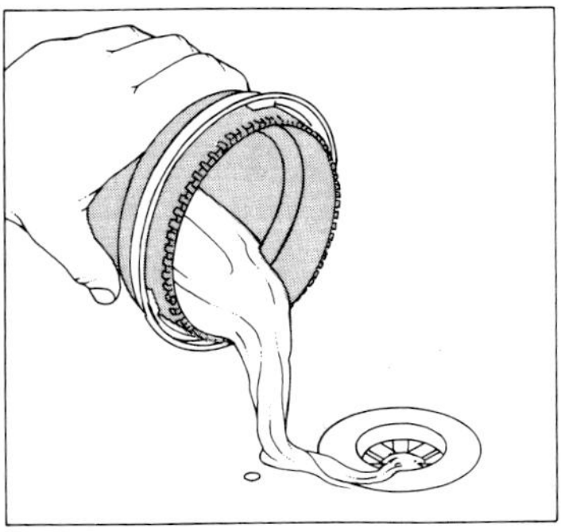

5. Hacia el final del período de revelado recomendado, compruebe la temperatura del revelador del tanque. Si ésta ha bajado más de 2 °C, alargue el tiempo de revelado según las indicaciones del fabricante.

6. Empiece a extraer el revelador diez segundos antes de completar el tiempo de revelado, pues éste continuará hasta que no se aplique el baño de paro. Una vez vacío el tanque, llénelo inmediatamente con la disolución de paro, o agua limpia, y agite durante un minuto.

● **No se moleste en mojar la película** ordinaria de blanco y negro antes del revelado. Los reveladores modernos contienen ya humectantes que evitan las burbujas. Las películas cromogénicas precisan pasar un rato en remojo con antelación.

● **Coloque el tanque** en el baño de agua durante unos minutos antes de verter el revelador. De esta forma se podrá tener el tanque a la temperatura de revelado. Un tanque frío puede desbaratar los cálculos.

● **Agite siempre** de la misma forma para asegurar resultados consistentes y predecibles.

● **Fije las películas rápidas durante un tiempo ligeramente superior** al habitual. El yoduro de plata, se elimina con mayor dificultad.

● **Un brillo lechoso** en la película significa que el fijador está agotado.

3. Una vez lleno el tanque, coloque bien la tapa, manténgalo en posición vertical y golpee rápidamente la base contra la mesa. Este proceso sirve para desalojar las posibles burbujas de aire atrapadas en la película. Repita esta operación cada vez que vierta una nueva disolución en el tanque.

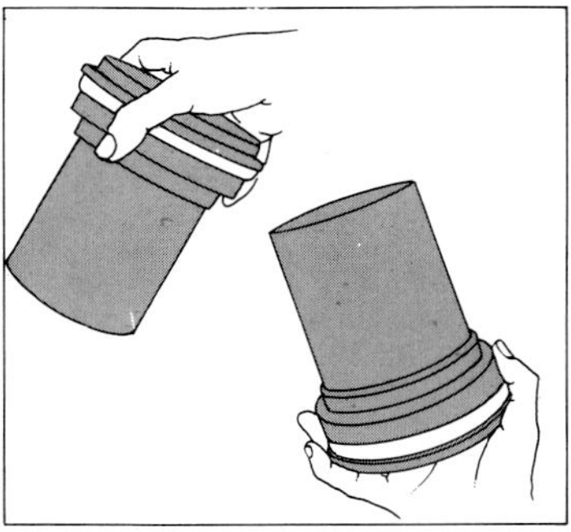

4. Agite bien durante todo el revelado. Si su tanque no pierde al girarlo boca abajo (hay que probar primero) agítelo boca abajo una vez cada 20 segundos. Si gotea, remueva vigorosamente con la varilla del tanque durante cinco segundos con intervalos de 20 segundos.

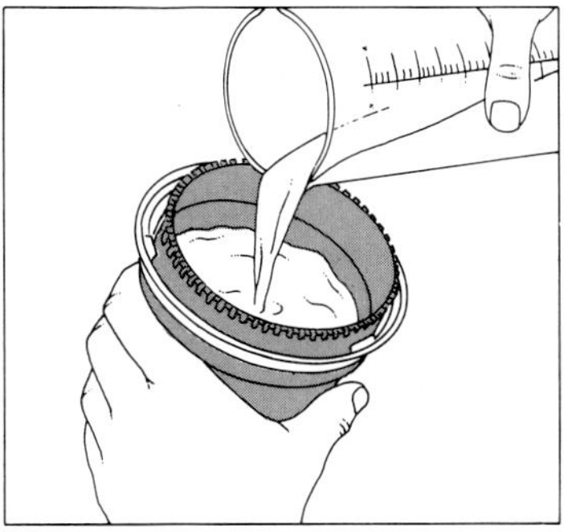

7. Saque el baño de paro y llene el tanque con el fijador. Recuerde que el fijador no debe estar agotado para evitar así que la película pierda color. Una vez lleno el tanque, golpéelo rápidamente sobre la mesa para desalojar las burbujas de aire y comience a agitar inmediatamente.

8. Agite continuamente durante los primeros 30 segundos y, después, durante cinco segundos (o dos veces boca abajo) cada 30 segundos. Al final del período de fijado recomendado vierta el fijador con ayuda de un embudo en el frasco correspondiente para volver a usarlo en otra ocasión.

LAVADO Y SECADO

Una vez terminadas las fases de revelado y secado se presenta la tentación de acelerar los procesos finales para poder ver las fotos. No obstante, el lavado y el secado son dos operaciones que deben llevarse a cabo con la misma meticulosidad que las anteriores. Las trazas de sustancias químicas pueden manchar fácilmente la película o bien reducir la vida del negativo. Un secado poco cuidadoso puede causar daños a la película muy difíciles de disimular con cualquier tipo de retoque en las copias.

Para lavar la película puede emplearse agua corriente, o bien cambiar el baño media docena de veces. Yo acostumbro a emplear agua corriente porque es menos incómodo. El sistema de los cambios de agua es igualmente eficaz, siempre y cuando se vaya agitando el tanque con fuerza. Los tiempos de lavado varían, pero normalmente bastan 30 minutos.

1. Coloque el tanque en la pica para lavar la película. El mejor sistema es dirigir el chorro de agua hacia el fondo del tanque mediante un tubo de goma. Si no dispone de él, coloque el tanque abierto bajo el grifo, pero vaya vaciándolo y girando la espiral con frecuencia.

2. Una vez lavada la película, llene el tanque con agua limpia. Para asegurar un secado homogéneo, añada un poco de humectante. Por cada 200 ml de agua precisará unos 10 ml de humectante diluido, preparado al diluir el agente puro con nueve partes de agua.

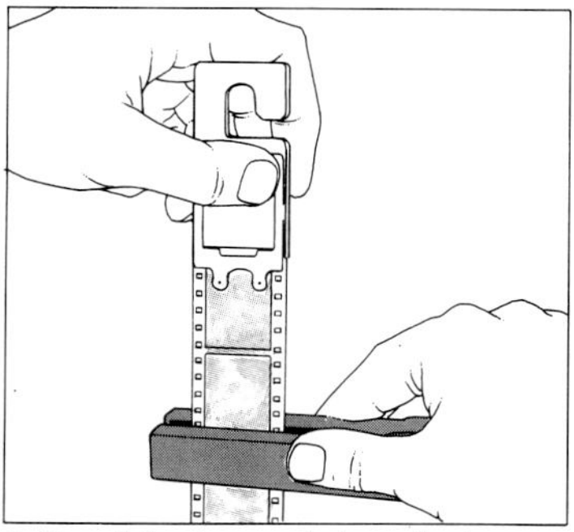

4. Tire del extremo de la película para sacarla de la espiral. Limpie bien las superficies de la escobilla escurridora para eliminar las posibles partículas sólidas. Luego vaya deslizando continuamente la escobilla hacia abajo para eliminar todo el exceso de agua de la superficie de la película.

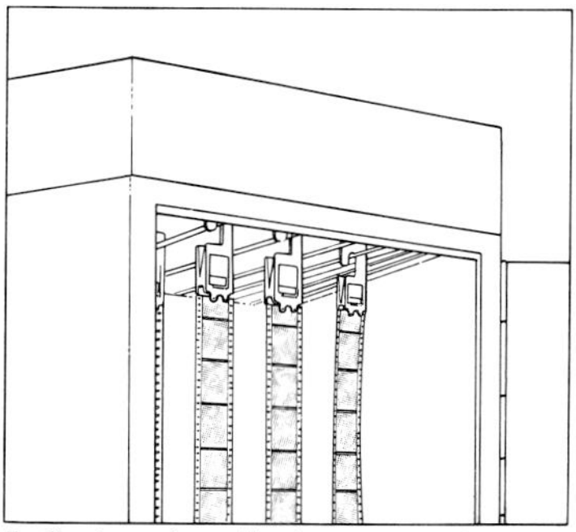

5. Cuelgue la película en un ambiente totalmente libre de polvo, a ser posible un armario especial para secado. Si tiene problemas con el polvo, pulverice agua en la zona de secado empleando un aerosol de jardín y mantenga la zona caliente para que se seque rápidamente.

● **Si el invierno es muy frío,** lave la película con agua previamente calentada a 20 °C, empleando el sistema de los cambios de agua. La introducción de agua del grifo helada puede causar tensiones en la emulsión y provocar fisuras, (reticulado).

● **Si emplea un fijador endurecedor** lave la película durante un tiempo doble al habitual.

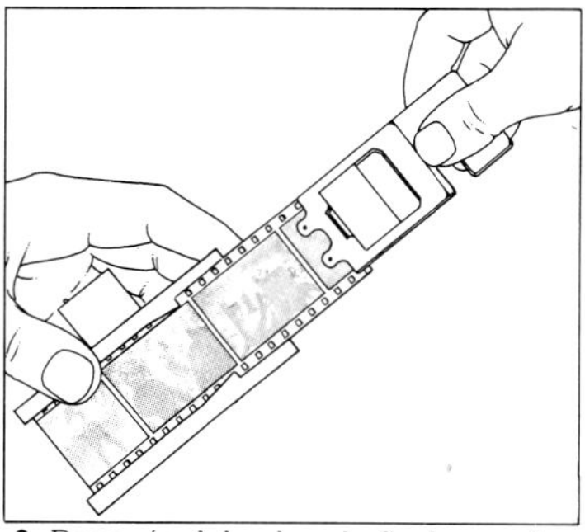

3. Después del aclarado final, sacuda suavemente la espiral para eliminar el exceso de agua. Luego sujete una pinza en el extremo final de la película sin sacarla aún de la espiral. En este estadio, la película se estropea con facilidad y la pinza facilita el manejo.

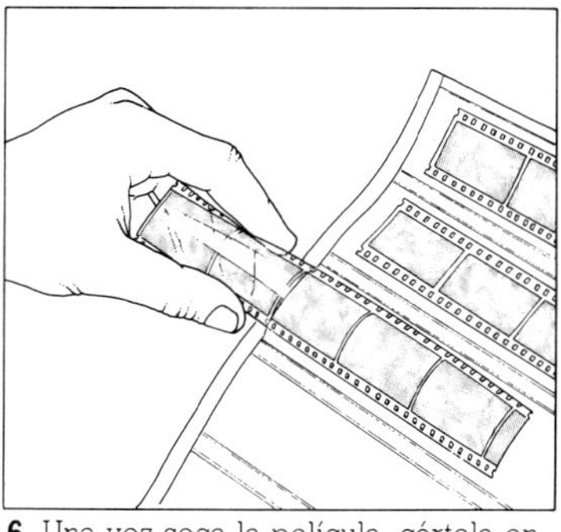

6. Una vez seca la película, córtela en tiras de seis fotos cada una. Introdúzcalas rápidamente en fundas de protección fabricadas con papel libre de ácidos. Cualquier retraso al guardar los negativos aumenta las posibilidades de que se estropeen por culpa del polvo y las rayaduras.

● **Acorte el tiempo de lavado** empleando un agente hipoaclarador, seguido de un lavado rápido en agua.

● **En zonas de agua dura** escurra la película con un cuidado especial para evitar las marcas de secado. Si el agua es muy dura conviene practicar un aclarado final con agua destilada.

● **Acelere el secado** con un baño final en alcohol etílico diluido en un 10 % de agua.

Revelado de las películas cromogénicas

Ciertas películas en blanco y negro, especialmente la Ilford XP1 y la Agfa Vario-XL, forman la imagen con colorantes en lugar de partículas de plata. Estas películas «cromogénicas» se revelan de forma distinta a las tradicionales. El revelado del material cromogénico en blanco y negro es bastante similar al revelado del color (ver página 68). Al igual que sucede con las películas de color, el baño de fijado para estas películas incluye sustancias químicas que eliminan la plata, dejando sólo la imagen teñida. Para que el revelador actúe adecuadamente es preciso que las temperaturas sean altas y muy controladas.

1. Cargue la película en el tanque.

2. Acondicione el tanque llenándolo previamente con agua caliente a 40 °C. Vaciarlo después de un minuto.

3. Revele durante cinco minutos a 38 °C, invirtiendo el tanque cuatro veces durante los primeros diez segundos de cada minuto.

4. El blanqueado/fijado se prolonga durante cinco minutos a 38 °C, invirtiendo el tanque cuatro veces durante los primeros diez segundos de cada minuto.

5. Lave con seis cambios de agua caliente a 38 °C.

6. Seque como en el caso de películas normales en blanco y negro.

VALORE EL NEGATIVO

Una vez revelada y seca la película, juzgue críticamente los negativos. Si no existen errores obvios, como recuadros totalmente en blanco o exposiciones superpuestas, examine cada uno de los negativos con una lupa. Los errores mínimos de exposición y revelado son difíciles de percibir a primera vista, pero pueden ser lo bastante importantes para que la copia no tenga ya el sello de la calidad. A menos que observe sus negativos con suma atención no llegará nunca a descubrir por qué continúa obteniendo copias normales que nunca llegan a conseguir el alto nivel del trabajo profesional. Si desea copias perfectas, busque la perfección en sus negativos.

Un buen negativo muestra una serie completa de tonos que van desde el oscuro al claro. Los datalles son fácilmente visibles en las zonas de sombra (zonas claras) y en las de luces altas (zonas oscuras). Las sombras más intensas de la foto aparecen tan claras como los bordes sin exponer de la película, pero las zonas de luces altas nunca son tan oscuras como para impedir la visión a su través. Existe también una amplia gama de medios tonos.

Un negativo subexpuesto proporciona una copia oscura, con poco detalle de sombras y poco contraste. El negativo aparece pálido incluso en la zona de luces altas.

Un negativo sobrexpuesto proporciona una copia muy luminosa pero plana, con poco detalle en la zona de luces altas. El negativo es oscuro y denso, aunque el contraste es normal.

Un negativo subrevelado da una copia suave, de bajo contraste. El negativo es gris y la serie de tonos es limitada. El síntoma principal son las marcas pálidas y débiles en el borde de la película.

Un negativo sobrerrevelado da una copia con pocos tonos medios. El negativo tiene zonas altas muy densas pero sombras poco consistentes. Las señales de los bordes son muy oscuras.

EXPLOTE LOS REVELADORES

Los reveladores estándar ofrecen un compromiso entre la rapidez de la película, el grano y el contraste que es satisfactorio para la mayoría de fotografías. No obstante, a veces es necesario recalcar algunas de estas características para conseguir un efecto particular cobrando importancia los reveladores alternativos y las distintas rutinas de revelado.

- **Emplee un revelador de grano fino,** como el Kodak D76 o el Ilford ID-11 para la mayor parte del trabajo rutinario. Reduce al mínimo la aglutinación visible de grano sin afectar demasiado la velocidad.

- **Los negativos destinados a copias gigantes** deben revelarse con un revelador de grano extrafino como el Perceptol. Pero recuerde ajustar adecuadamente la exposición de la cámara. El Perceptol reduce la velocidad de la película en un punto.

- **Gane velocidad** cuando desee subexponer la película con un revelador que aumenta la velocidad. Algunos reveladores de este tipo, como el Microphen de Ilford, le permiten exponer la película dos o tres puntos por debajo de su velocidad. El grano aumenta ligeramente.

- **Aumente la nitidez de la película** con un revelador de gran acutancia. Estos reveladores crean la ilusión de nitidez reforzando los bordes de la imagen. En las zonas limítrofes entre luces y sombra, el revelador exagera la diferencia de tono, proporcionando un perfil oscuro a las zonas oscuras y uno claro a las más brillantes.

- **No emplee reveladores de gran acutancia** para películas más rápidas de 200 ISO. El aumento de grano contrastaría el efecto de acutancia.

- **Incremente el contraste** alargando el revelado.

▲Los reveladores de bajo contraste, como los de grano fino, evitan que los granos individuales de plata se aglutinen. Si se emplean con películas lentas, que tienden a proporcionar un contraste elevado, los reveladores de grano fino dan negativos de contraste normal.

▲Los reveladores de uso general, como los MQ o PQ, pueden emplearse con todas las películas en blanco y negro; ofrecen una buena gama de tonos y un grano bastante fino, a la vez que conservan los detalles en las zonas de sombra y luces altas.

Fuerce el revelado
Si tiene que disparar en condiciones precarias de luz y no consigue adaptar la velocidad del obturador, pruebe a forzar la película. Ello significa que debe exponer la película como si tuviera una velocidad superior a lo que indica el ISO. Para compensar deberá aumentar el tiempo de revelado. (Revelado forzado).

- **No fuerce la película** a menos que sea absolutamente necesario. Aumenta el grano y el contraste.

- **Piense en términos de abertura del diafragma** cuando quiera forzar su película. Doblar la velocidad de la película significa reducir la abertura en un punto.

- **Aumente el revelado en un 40%** aproximadamente por cada punto que reduzca la exposición. Es conveniente seguir las indicaciones de los fabricantes. Mantenga tiempos estándar para películas cromogénicas.

- **No fuerce nunca más de tres pasos.** El forzado del revelado no sólo aumenta el grano y el contraste, sino que también incrementa el grado de velo. Más allá de los tres puntos, el velo llega a cubrir el detalle de las sombras.

- **Utilice un revelador que aumente la velocidad,** como el Microphen. Aumentará el desarrollo de sombras en detrimento de las luces altas, lo que compensará el aumento de contraste al forzar la película.

- **Utilice reveladores a dos baños** para conseguir grandes aumentos en la velocidad de la película. El primer componente revela las luces altas, pero se agota rápidamente. El segundo revela luego las sombras.

- **Realice pruebas de ensayo con las películas** importantes. Para ello basta con recortar los extremos de las películas y revelarlas a tiempos diversos para decidir cuál de ellos proporciona los mejores resultados.

▲Los reveladores de alto contraste son muy alcalinos. Producen negativos con luces altas muy densas y sombras muy débiles. Este grado de contraste no suele ser necesario en los negativos normales, y estos reveladores acostumbran a emplearse únicamente con películas para línea y lith.

▲Los reveladores de gran acutancia proporcionan la ilusión de nitidez y aumentan el detalle concentrando el revelado cerca de la superficie de la emulsión y aumentando el contraste de los bordes en el negativo. Proporcionan el mejor resultado con películas más lentas de 200 ISO.

PREPÁRESE A HACER COPIAS

La copia es la culminación del largo proceso que comienza cuando se encuadra el objeto en el visor, y merece la pena esforzarse al máximo para conseguir la mejor calidad posible. Recuerde que la gente juzga la fotografía por la copia además de por la idea original. Nadie apreciará las sutiles gradaciones de luz si la copia es confusa y poco contrastada. Para hacerse una idea de la calidad que es posible conseguir, intente conseguir la obra de los grandes maestros, como Ansel Adams, no ya en reproducciones, sino en forma de copias fotográficas. Adams considera la copia como una parte vital de la creación fotográfica: si «el negativo es el alma... la copia es la representación».

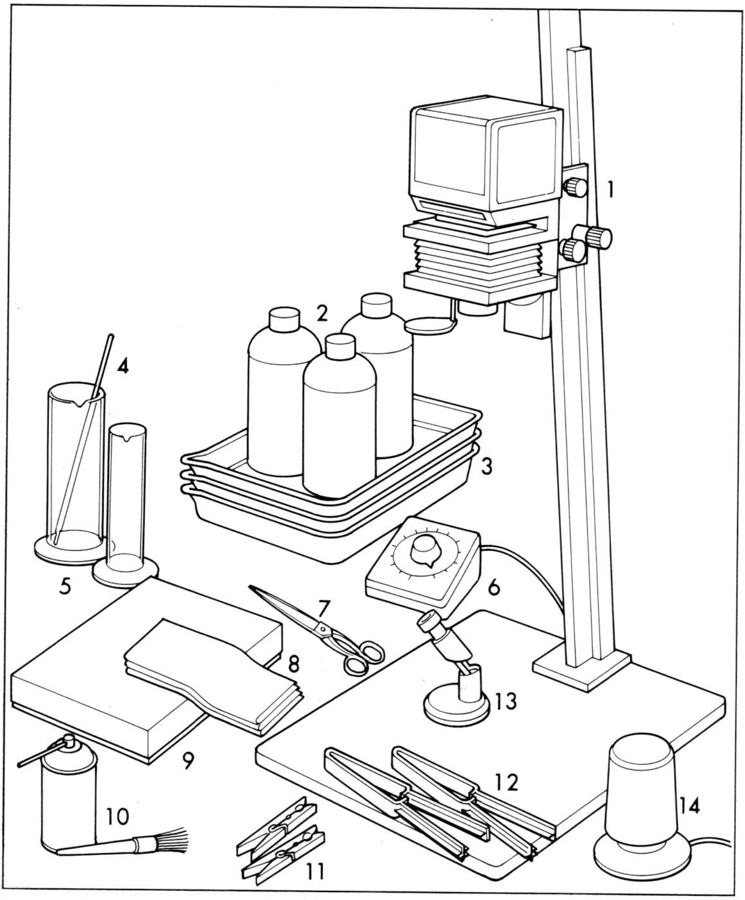

Material imprescindible

1. Ampliadora
2. Revelador, fijador y baño de paro
3. Tres cubetas de revelado
4. Termómetros de alcohol
5. Probetas graduadas, una grande y una pequeña
6. Temporizador de exposición
7. Tijeras
8. Paños absorbentes
9. Papel para copias
10. Eliminadores de polvo
11. Pinzas para la ropa
12. Escobillas escurridoras para copias
13. Lupa de enfoque
14. Luz de seguridad

Confección de la copia

1. Haga una prueba de contacto
2. Elija el negativo
3. Componga la imagen
4. Seleccione el papel
5. Prepare la ampliadora
6. Realice ensayos para comprobar la exposición
7. Exponga la copia
8. Revele la copia

- **El cuarto oscuro** precisa únicamente el espacio mínimo para colocar la ampliadora y las tres cubetas de revelado. Si es necesario, puede lavar las copias en la cocina. Si desea lavar las copias fuera del cuarto oscuro, recuerde que no debe abrir la puerta con papel sin fijar sobre la mesa. Utilice una cubeta de repuesto para transportar las copias mojadas.

- **Compruebe que la luz de seguridad** es la adecuada para el papel elegido. La mayor parte de papeles puede manejarse sin problemas bajo una luz ámbar brillante como la Kodak OC. Sólo es necesario utilizar la luz roja tradicional, mucho más débil, con el papel lith. Algunos papeles de contraste variable pueden velarse con la luz OC, por lo que conviene seguir siempre las instrucciones del fabricante.

- **Las luces de seguridad acrílicas,** no son siempre totalmente seguras. Compruebe la seguridad de la luz como se indica más abajo y deje el papel el mínimo tiempo posible fuera de su envoltorio.

- **Compruebe la luz de seguridad** exponiendo un trozo de papel bajo la ampliadora el tiempo suficiente para obtener una copia de color gris claro. Pero, antes de revelar la copia, deje una esquina del papel expuesto bajo la luz de seguridad durante unos dos minutos. Si el perfil de la esquina aparece visible después del revelado ello es señal de que la luz no reúne los requisitos de seguridad necesarios.

- **Los semilleros de jardín** y las bandejas sanitarias para gatos son más económicas que las cubetas pero son poco manejables ya que son más planas y menos rígidas.

- **Mantenga el cuarto oscuro a una temperatura** lo más cercana posible a los 20 °C. Esta es la mejor forma de que las disoluciones en las cubetas estén a la temperatura precisa.

Problemas con el polvo

- **Atención al polvo** cuando esté imprimiendo la copia: arruina más copias que cualquier otro factor. Mantenga siempre el cuarto oscuro lo más limpio posible.

- **Limpie con un aspirador** en lugar de emplear el plumero o un trapo. El plumero simplemente dispersa el polvo en el aire, no lo elimina.

- **Elimine inmediatamente las salpicaduras de productos químicos.** Si se secan pueden entrar a formar parte del polvillo del aire.

- **Mezcle los productos químicos fuera del cuarto oscuro,** especialmente si trabaja con sustancias en polvo.

- **Limpie las superficies regularmente** con un paño húmedo.

- **No emplee un radiador de aire** para calentar la habitación; una barra eléctrica levanta mucho menos polvo.

- **Limpie con cuidado cada negativo** con un pincel antiestático.

- **Vuelva a guardar el negativo** después de efectuar la impresión.

- **Emplee un portanegativos sin vidrio** en la ampliadora o, como mínimo, uno con vidrio único si está utilizando negativos de 35 mm o menores. Las superficies del vidrio atraen el polvo, y si existen dos vidrios son cuatro las superficies atacables. Pero no alargue mucho las exposiciones para evitar que el negativo se combe.

REVELE LA COPIA

Uno de los atractivos de la impresión en blanco y negro es que puede irse observando en la copia todo el proceso de aparición de la imagen. Puede en especial controlar la imagen cuando aparece en el baño de revelado y ajustar adecuadamente el tiempo. Los reveladores modernos de alta velocidad combinados con los papeles con capa de resina (RC) han reducido tanto los tiempos de revelado que es más difícil manipular la copia durante el procesado. No obstante, aún puede salvar una copia ligeramente sobrexpuesta, por ejemplo reduciendo el tiempo de revelado. También puede aumentar el contraste subexponiendo la copia y alargando el revelado. Antes de alterar el transcurso normal de la operación, asegúrese de que puede obtener resultados convenientes con la rutina habitual.

1. Prepare el revelado llenando las cubetas hasta una profundidad de unos 2 cm. Para comenzar el revelado, eleve un extremo de la cubeta con el revelador hasta unos 4 cm, introduzca rápidamente la copia expuesta, con la emulsión hacia arriba, en la parte menos profunda.

2. Baje inmediatamente la cubeta hasta que el revelador cubra por completo la copia. Comience a cronometrar el tiempo. Si emplea un revelador de alta velocidad, la imagen comenzará a aparecer al cabo de unos seis segundos. Mueva constantemente la copia.

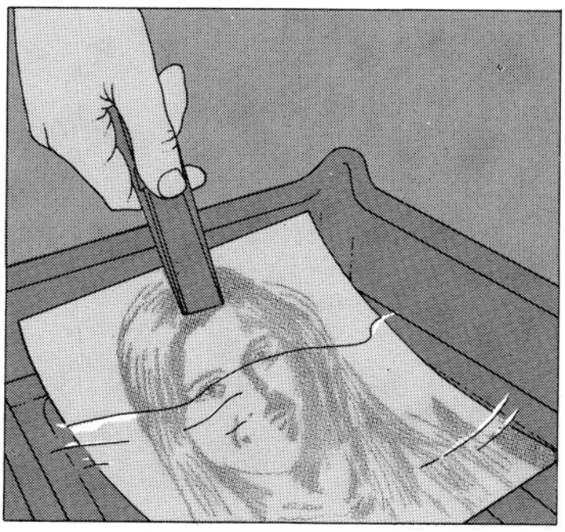

5. Coloque la copia en el fijador, con la emulsión hacia arriba y mueva ligeramente la cubeta durante los primeros 15 o 20 segundos. La copia debe estar siempre sumergida en el fijador. Después de un minuto (cinco con papel de fibra) puede ya encender la luz.

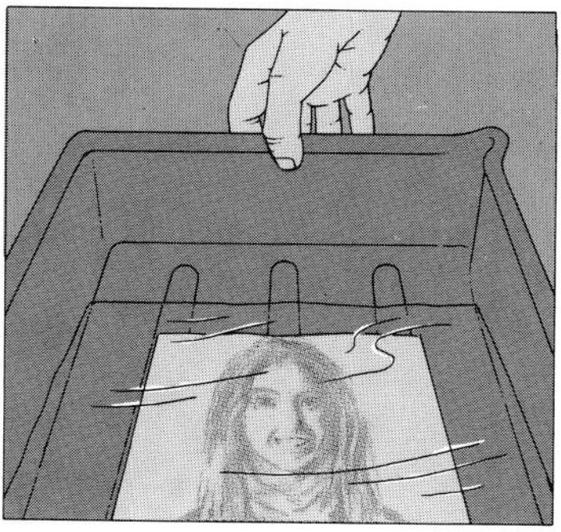

6. Agite ocasionalmente la cubeta hasta completar el tiempo de fijado aconsejado. Con papeles RC, el tiempo de fijado puede ser de sólo dos minutos, o incluso menos si se emplea la combinación de papel Ilfospeed y fijador Hypam. Los papeles de fibra deben ser fijados durante diez minutos.

● **Siga los tiempos de revelado recomendados por el fabricante** a menos que tenga un buen motivo para variarlos. Sólo los tiempos aconsejados permiten obtener resultados óptimos.

● **Si va a cambiar el tiempo de revelado** a ojo, recuerde que las copias parecen más oscuras y contrastadas bajo la luz de seguridad.

● **Mantenga las disoluciones a 20 °C,** colocando la bandeja en agua caliente o, mejor aún, sobre calentador regulado por termostato. En el revelado en blanco y negro se admite un cierto margen de error, puesto que el proceso simplemente se acelera si el revelador está demasiado caliente (hasta un determinado punto) y se retrasa si está demasiado frío. Sólo con temperaturas cercanas a los 20 °C pueden asegurarse resultados idóneos.

● **Acelere el secado** empleando un secador para el pelo.

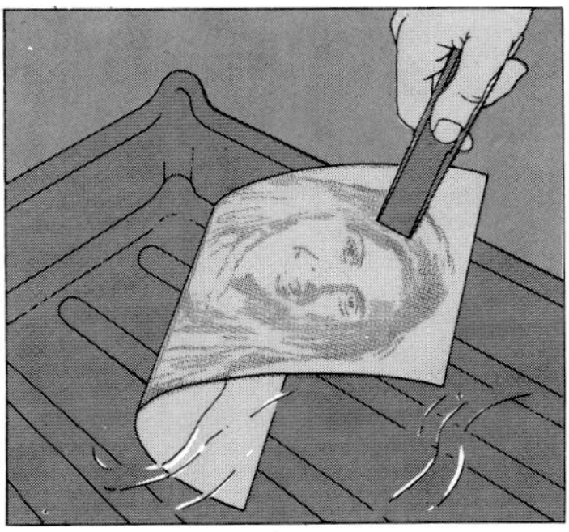

3. Tan pronto como la imagen empiece a aparecer vuelva la copia boca abajo hasta el último tercio del tiempo de revelado. Luego colóquela boca arriba de nuevo y continúe agitando. Una vez completo el revelado, levante la copia y deje escurrir el revelador unos segundos.

4. Una vez acabado el revelado introduzca la copia en el baño de paro. Con los papeles RC, este baño puede ser de agua; con los papeles tradicionales de fibra se precisa un baño de paro ácido. Agite la cubeta durante medio minuto, luego levante la copia y déjela escurrir brevemente.

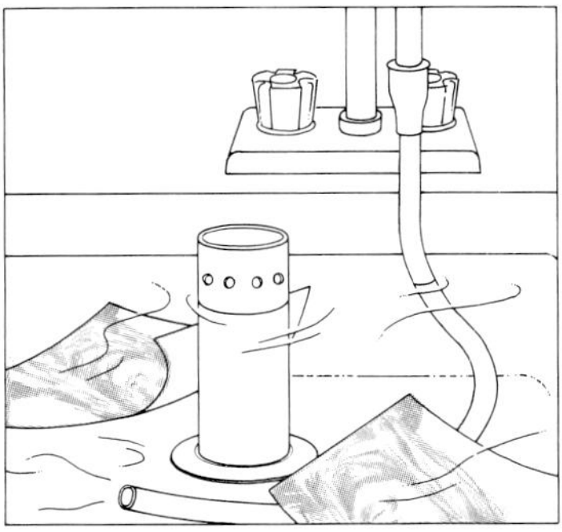

7. Lave la copia en agua corriente durante cuatro minutos (30 minutos con los papeles de fibra). Procure que las copias no se enganchen a la cubeta. Mantenga el agua entre 20 y 25 °C o, en su lugar, cambie el agua caliente cinco veces.

8. Elimine el agua sobrante de la superficie de la copia con una escobilla escurridora de una única pasada. Déjela secar colgándola o colocándola plana sobre una hoja de papel de periódico o en un armario de secado. Los papeles de fibra tardan mucho más en secarse.

PRUEBA DE CONTACTO

Para decidir qué negativos voy a imprimir, siempre hago una prueba de contacto para cada película. Una prueba de contacto es simplemente una copia positiva de los clichés de la película y se realiza exponiendo todo el negativo sobre una única hoja de papel para copias. No sólo proporciona información útil a la hora de efectuar una ampliación, sino que constituye un material de referencia para todas sus copias fácil de archivar. Si corta los negativos en tiras de seis fotos, un rollo completo de 36 fotos de 35 mm cabrá perfectamente en una hoja de 18 × 24 cm.

Las pruebas de contacto son muy sencillas. Aparte del cuarto oscuro y los materiales típicos de revelado, se necesita únicamente una fuente de luz controlable para exponer la copia (la ampliadora es ideal) y una placa de vidrio que mantenga los negativos bien sujetos contra el papel.

1. Antes de realizar la primera prueba, averigüe el tiempo de exposición. Para ello, coloque el vidrio de contacto sobre el tablero de la ampliadora. Encienda la luz de la ampliadora y mueva el cabezal hasta que la luz abarque todo el bastidor. Coloque el objetivo a f. 11.

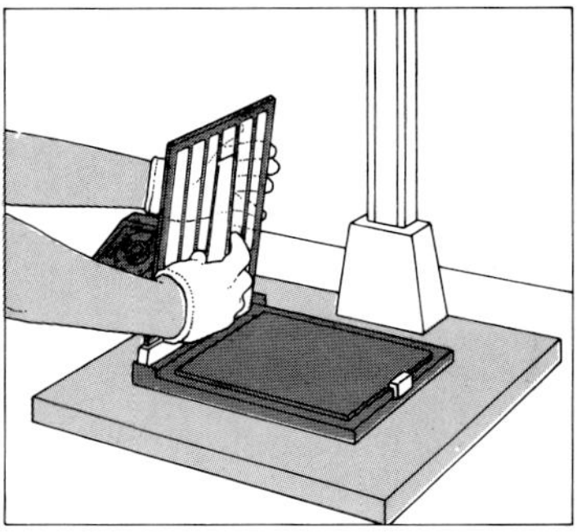

2. Coloque una tira de película transparente bajo la parte central del vidrio. Encienda la luz de seguridad y apague la luz del cuarto y la de la ampliadora. Saque una lámina de papel para copias y recorte una tira pequeña. Coloque el resto de la hoja en el paquete.

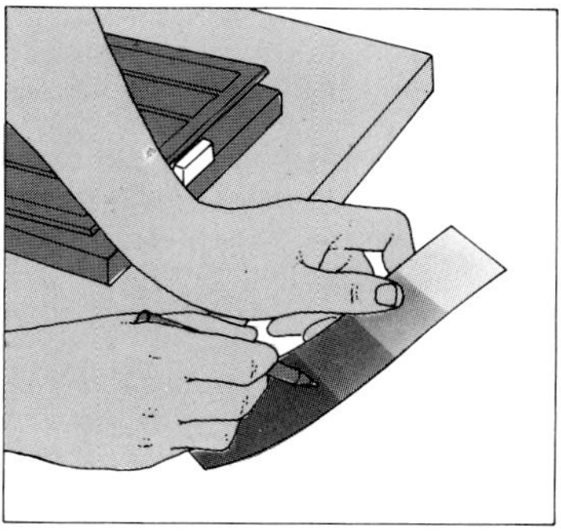

5. Cuando la tira de ensayo esté lista, obsérvela a la luz normal del cuarto. La tira mostrará una serie de bandas grises. Busque la primera banda que dé un negro denso (contigua a la banda color gris oscuro) y averigüe el tiempo que ha estado expuesta. Este será el tiempo de exposición.

6. Limpie ambas caras del vidrio con un pincel de perilla y un paño antiestático. Saque los negativos que desea reproducir de sus fundas correspondientes. Elimine con cuidado las posibles huella dactilares y marcas de secado de la parte brillante de la película con un paño fino.

● **Emplee un bastidor especial para contacto** si desea efectuar muchas pruebas. Permite una alineación perfecta de los negativos.

● **Marque la altura** del cabezal de la ampliadora en la columna, o bien compruebe la altura y anótela convenientemente. Siempre que emplee el mismo tipo de película podrá volver a colocar el cabezal en la misma posición y repetir el tiempo.

● **Utilice papel de grado 2** para obtener una buena indicación acerca de la gama de tonos.

● **Si no dispone de ampliadora,** pruebe con la luz de una lámpara de escritorio a varias alturas.

● **Si todas las bandas son negras,** la exposición ha sido demasiado larga. Repita con tiempo más corto.

3. Coloque la tira de papel debajo de la película transparente. Con un trozo de cartón opaco cubra todo menos una quinta parte de la tira. Encienda la luz de la ampliadora y cronometre el tiempo. A los cinco segundos, desplace el cartón y deje al descubierto otra quinta parte de la tira.

4. Repita la operación cinco segundos por cada banda, hasta exponer toda la tira. Apague la ampliadora y saque la tira de papel de debajo del vidrio. Revele, lave y seque la copia normalmente, trabajando siempre con luz de seguridad.

7. Inserte los negativos con cuidado en las guías del bastidor, sujetándolos únicamente por los bordes. Coloque la parte brillante del negativo contra el vidrio. Si utiliza una simple placa de vidrio, coloque los negativos sobre el papel para copias con la luz de seguridad.

8. Siempre bajo la luz de seguridad, saque una hoja entera de papel para copias y colóquelo en el bastidor de contacto con la parte brillante hacia arriba. Baje la tapa de cristal y conecte la ampliadora durante el tiempo averiguado previamente. Revele normalmente.

UTILICE LAS PRUEBAS

Una buena prueba de contacto nos indica rápidamente las imágenes que no merece la pena reproducir. Sin embargo, una observación detenida con una lupa permite averiguar muchas más cosas. Podremos observar la nitidez de las imágenes, la presencia de detalles en las zonas de luces altas y de sombras, las posibles distracciones indeseables, etc. También puede averiguar qué fotos han salido bien y cuáles no, así como una posible forma de mejorarlas con un encuadre más favorable.

● **Haga una prueba de contacto.** Utilícela para recoger toda la información necesaria y poder obtener la mejor copia de cada negativo.

● **Emplee una vieja montura de diapositiva** para observar cada foto sin que le distraigan las contiguas.

● **Marque las pruebas de contacto** con cera o lápices «chinagraph» para que luego pueda eliminar las señales. Recuadre las imágenes que empleará.

● **Decida el encuadre de la imagen** con un par de cartones en forma de L. Marque el encuadre en la prueba.

CONTRASTE DEL PAPEL

Para obtener el máximo rendimiento de sus copias es preciso elegir el papel más adecuado para cada negativo. Existen papeles de distintos grados de contraste, numerados normalmente del 0 al 5; por lo general pueden usarse los grados 2 y 3 para cualquier negativo, a menos que desee obtener efectos especiales. Los grados 2 y 3 permiten imprimir copias con una buena gradación de tonos si el negativo está perfectamente expuesto y revelado y la gama de densidades está bien equilibrada. Empleando papel de grados 4 y 5, los negativos dan copias duras, muy contrastadas, sin tonos medios. Empleando grados 0 y 1 la copia es suave y sin contrastes. No obstante, como muchos negativos están inevitablemente expuestos o revelados con imperfecciones y muchos temas no presentan una gama equilibrada de densidades, se hace necesario usar grados extremos de papel para conseguir buenas copias. En el momento de elegir el grado del papel, yo suelo buscar el equilibrio de tonos que caracteriza a un negativo bien expuesto al ser impreso en papel de grado 2 o 3. Los negativos blancos y poco contrastados los imprimo sobre papel duro de grado 4 o 5, y los negativos muy contrastados en papel suave de grado 0 o 1.

- **Elija un grado estándar de papel** y procure que todos los negativos se adecúen a ese grado. El número 2 es ideal como término medio.

- **Las diferentes marcas de papel** pueden ofrecer distintas características de contraste para un mismo grado de papel.

- **Cambie de marca** para conseguir grados intermedios a los que ofrece una marca determinada.

- **Utilice un papel de grado suave** para los contactos y las pruebas de copias importantes. Sólo una copia suave permite apreciar las diferencias de tono.

- **Reproduzca la copia con un grado superior al necesario** y luego reserve los detalles y tonos que faltan. Así obtendrá una copia más intensa que con el papel de grado correcto.

- **Imprima los negativos insuficientemente revelados** sobre papel duro de grado 4 o 5.

- **Imprima los negativos revelados en exceso** sobre papel suave 0 o 1 para destacar los tonos medios.

- **Los papeles de contraste variable** le evitan comprar distintos tipos de papel. Este tipo de papeles, como el Kodak Polycontrast y el Ilford Multigrade II disponen de dos emulsiones, una de alto y otra de bajo contraste.

▲Copias sacadas del negativo de la ilustración superior empleando distintos grados de papel. El negativo está bien expuesto y revelado y posee una buena gradación de tonos. Con papel de grado 0 o 1 se mantiene la gama completa de tonos y detalles, pero se ven pocos negros intensos y pocos brillos: incluso el vestido blanco de la muchacha es ligeramente gris. El efecto general es turbio, sin contraste. Las copias son buenas con papeles del 2 y del 3, pero el grado 2, es mejor, porque la escena tiene ya suficiente contraste. Sobre papel del 4 las sombras son muy intensas, las luces altas más pobres y el detalle comienza a desaparecer. Con papel del 5, tanto los tonos medios como los detalles de las sombras y las luces altas se pierden casi por completo.

0

1

2

3

4

5

PREPARE LA AMPLIADORA

Al hacer las copias, la preparación cuidadosa de la ampliadora es un factor muy importante. Los pequeños errores de enfoque, diminutas partículas de polvo en el negativo y un encuadre incorrecto son factores que pueden llegar a estropear una copia correcta. Un problema muy habitual es la presencia de polvo en los negativos. Recuerde que una pequeña mota de polvo aparecerá ampliada en la copia como el mismo negativo. Todo cuidado en la preparación de la ampliadora se reflejará en la copia.

A la hora de elegir el tamaño de las ampliaciones no caiga en la tentación de abordar copias demasiado grandes. Las copias grandes poseen un mayor impacto visual, pero resultan más caras y amplían todos los defectos. Para conseguir buenas copias gigantes a partir de negativos de 35 mm son imprescindibles un equipo de calidad y una técnica excelente.

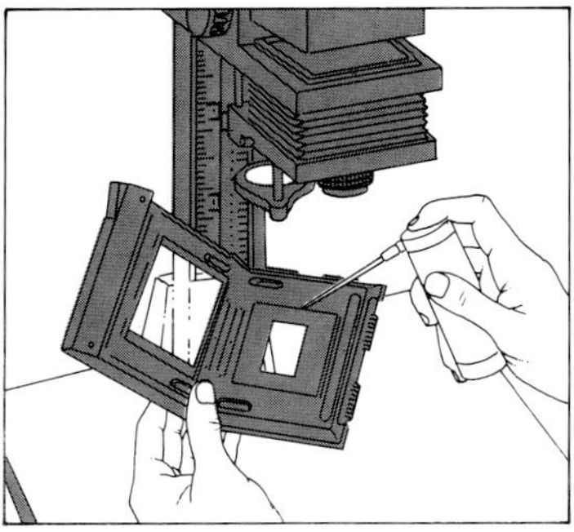

1. Antes de iniciar el proceso, limpie bien el objetivo con un pincel suave y un paño adecuado. Saque luego el portanegativos y elimine el polvo con un pincel de perilla o un chorro de aire comprimido. Si el portanegativos tiene vidrio, limpie con cuidado todas las posibles huellas dactilares.

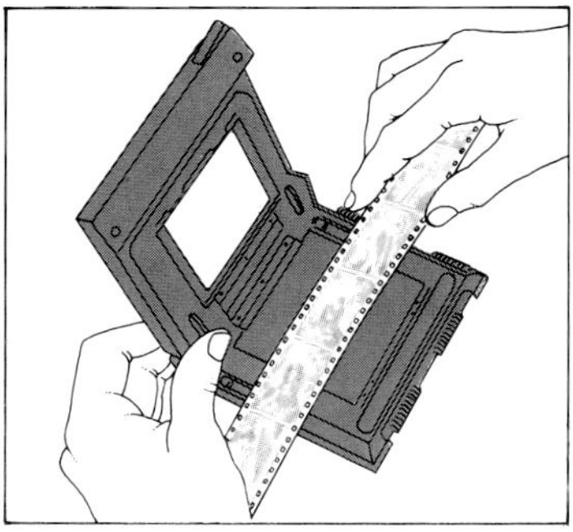

2. Coloque el negativo elegido oblicuamente bajo el haz de la ampliadora para comprobar si hay motas de polvo. Elimínelas con un pincel suave; si hay alguna partícula que se resista, emplee una pistola antiestática. Luego coloque el negativo en su soporte.

5. Ajuste el foco en el cabezal de la ampliadora hasta que la imagen quede totalmente nítida en el bastidor. Al enfocar, el tamaño de la imagen cambiará ligeramente. Para corregir este efecto, suba o baje el cabezal hasta que la imagen haya recuperado el tamaño adecuado.

6. Ahora busque el foco con una lupa de enfoque. Colocar una hoja de papel sobre el bastidor para que la imagen esté en el plano correcto. Use la textura del grano para enfocar. La película cromogénica no tiene grano, por lo que hay que enfocar sobre los detalles.

● **Reencuadre las imágenes de 35 mm** o acepte una pequeña pérdida de papel: no existe ninguna medida estándar de papel que se adapte al formato de 35 mm.

● **Tenga en cuenta la perspectiva.** En teoría, una perspectiva correcta se consigue únicamente cuando el tamaño de la copia y la distancia de visión se corresponden con la distancia focal del objetivo de la cámara. Si utilizamos el objetivo normal de 50 mm para película de 35 mm sólo una copia de 13 × 18 mm da la perspectiva correcta cuando se observa una distancia de 25 cm. Conviene tener en cuenta que, a menos que se deseen efectos especiales, las copias de fotos tomadas con teleobjetivo deben ser más pequeñas, o deben observarse desde más lejos que las copias de fotos tomadas con objetivos gran angular. De forma similar, las copias que vayan destinadas a un espacio reducido, como un recibidor, deben ser más pequeñas que las que se vayan a colgar en una habitación más grande.

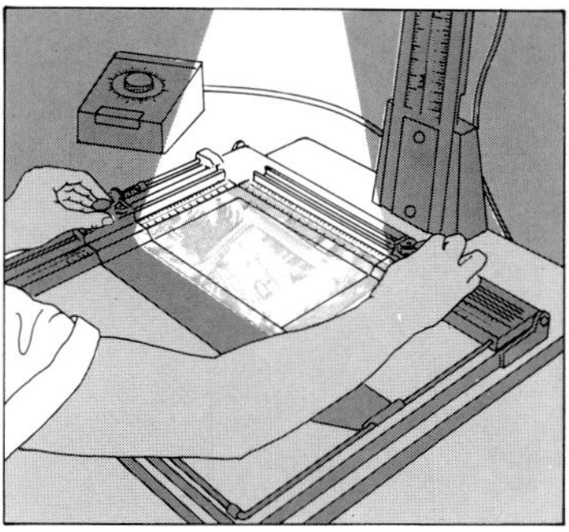

3. Vuelva a colocar el portanegativos en la ampliadora y compruebe que su posición es la correcta. Ajuste las máscaras en el bastidor hasta obtener el tamaño de la copia deseado. Centre el bastidor bajo la ampliadora, apague las luces de la habitación y conecte la ampliadora.

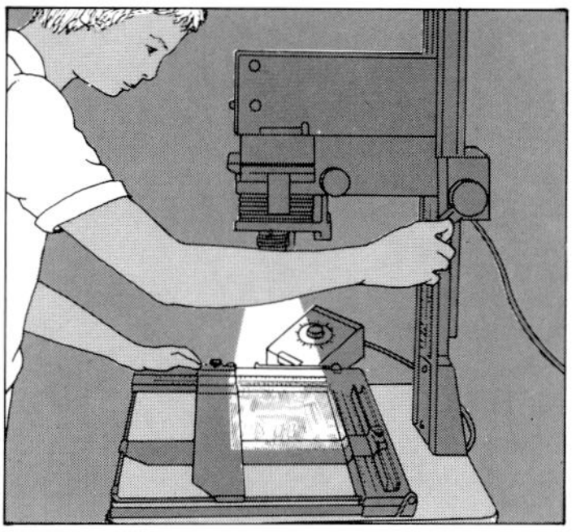

4. Abra el objetivo de la ampliadora hasta su abertura máxima para obtener una imagen lo más brillante posible. Enfoque aproximadamente luego suba o baje el cabezal de la ampliadora —girando la manivela de la columna— hasta que la imagen encaje en el marco del bastidor.

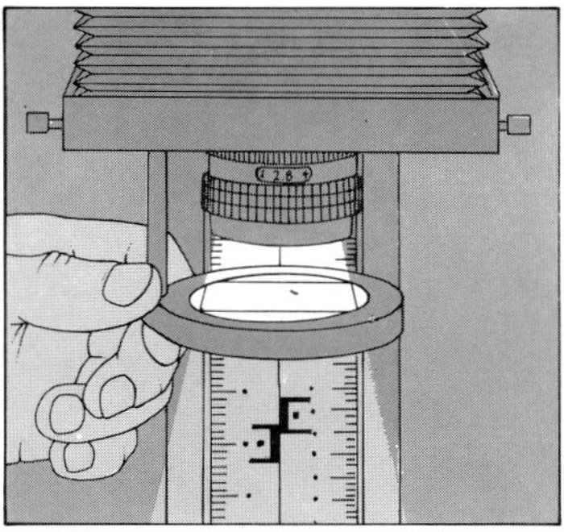

7. Cuando la imagen aparezca totalmente nítida, saque la hoja de papel del bastidor con cuidado para evitar las sacudidas. Desplace el filtro rojo bajo el objetivo con mucha suavidad; cualquier movimiento brusco puede alterar por completo el enfoque.

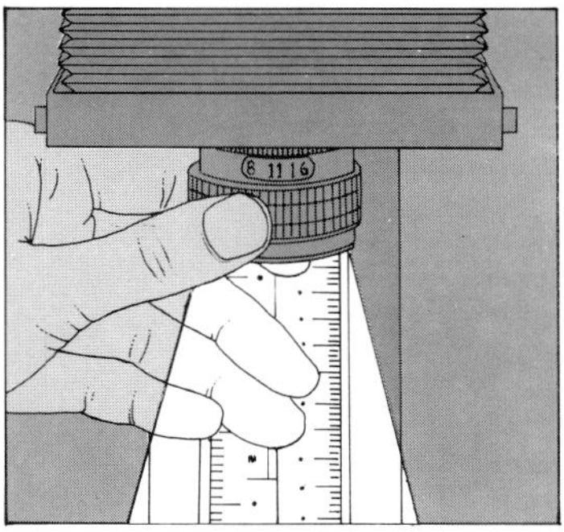

8. Cierre el objetivo de la ampliadora como mínimo dos puntos por debajo de su abertura máxima para asegurarse de que la imagen saldrá lo más nítida posible. Al cambiar la abertura, el foco puede cambiar ligeramente en algunas ampliadoras. Si es así, vuelva a enfocar con rapidez.

ENSAYE LAS EXPOSICIONES

Una vez montada y enfocada la ampliadora es necesario averiguar la exposición que requiere cada negativo. Un fotógrafo experto acostumbra a adivinar la exposición correcta a partir del brillo de la imagen sobre el tablero y luego corrige los errores observando el revelado de la copia. Un fotógrafo menos experimentado debe confiar en tiras de prueba y exposímetros.

Las tiras de prueba pueden parecer aburridas, y suponen una buena cantidad de papel caro, pero son realmente el único sistema fiable para establecer la exposición correcta, es decir, la exposición que Vd. desee; un exposímetro puede ofrecer tan sólo una exposición media. Sólo una tira de prueba le proporciona la información necesaria para obtener la mejor copia de cada negativo.

- **Prepare tiras de prueba anchas.** Las tiras estrechas no suponen un ahorro real. Para proporcionar una indicación precisa sobre la exposición cada banda debe incluir una variación de tonos suficiente como para que sea representativa de toda la copia.

- **Coloque la tira diagonalmente** a la foto. En el caso de paisajes se asegura así abarcar parte del cielo y de la tierra.

- **Cierre un punto la abertura** si comprueba que las exposiciones inferiores a cinco segundos dan resultados sobrexpuestos.

- **Utilice la misma exposición** que indica la tira de prueba para todas las copias similares del mismo rollo de película.

- **Calibre el exposímetro** reproduciendo un negativo típico con la densidad deseada para sus copias. Almacene el tiempo de exposición de esta copia en la memoria del aparato y así podrá obtener copias de densidad similar para toda la remesa de un mismo papel.

- **Los fotómetros de campo reducido** deben ajustarse con más cuidado que los normales.

- **Utilice un fotómetro de campo reducido** para seleccionar el grado de papel, comparando las densidades de las sombras y las luces altas.

- **Transforme el fotómetro de campo reducido** en uno normal, si desea tirar rápido las copias, colocando una lámina de acetato translúcida bajo la ampliadora para difuminar la imagen.

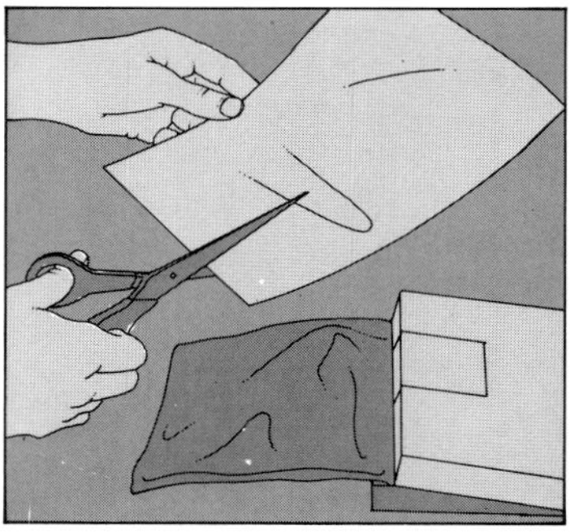

1. Bajo la luz de seguridad saque una lámina de papel de su envoltorio. Con unas tijeras afiladas corte una tira ancha. La anchura debe ser, como mínimo, de cinco centímetros, incluso si se emplea papel de 18 × 24 cm. Vuelva a colocar el resto de la hoja en el paquete y cierre la caja.

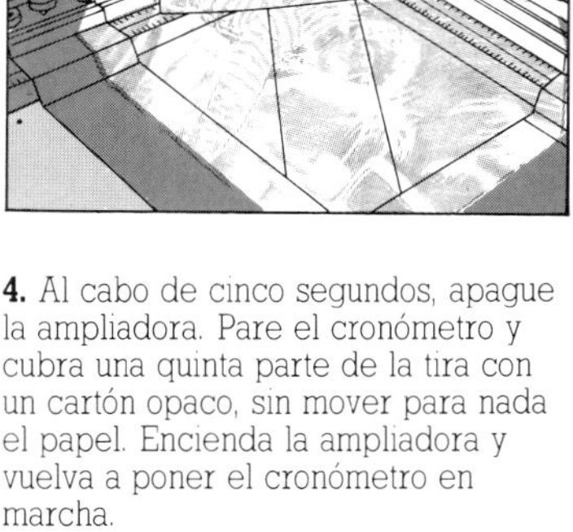

4. Al cabo de cinco segundos, apague la ampliadora. Pare el cronómetro y cubra una quinta parte de la tira con un cartón opaco, sin mover para nada el papel. Encienda la ampliadora y vuelva a poner el cronómetro en marcha.

● **Simplifique los ensayos de exposición** empleando una cuña de grises. Se trata de una lámina de película con ventanillas de distintas densidades. Estas densidades corresponden a distintos tiempos de exposición. Su empleo es muy sencillo, basta con colocarlo sobre el papel para copias y hacer la exposición. Debido a las diferentes densidades de la película, las distintas partes de la copia recibirán una exposición también diversa.

● **Exponga la cuña de grises durante 60 segundos** a menos que se indique lo contrario. El número de la ventanilla que nos da una exposición correcta nos dará la exposición de la copia.

● **Reduzca la exposición** de la cuña de grises para afinar la exposición. Ajuste los tiempos marcados en las ventanillas según corresponda.

● **No emplee la cuña de grises** con copias grandes o difíciles.

2. Compruebe que el filtro rojo cubre todavía el objetivo y conecte la ampliadora. Sitúe la tira de papel en la imagen de forma que muestre los tonos claros y oscuros. Tenga a mano un trozo de cartón opaco. Apague la ampliadora y retire el filtro rojo.

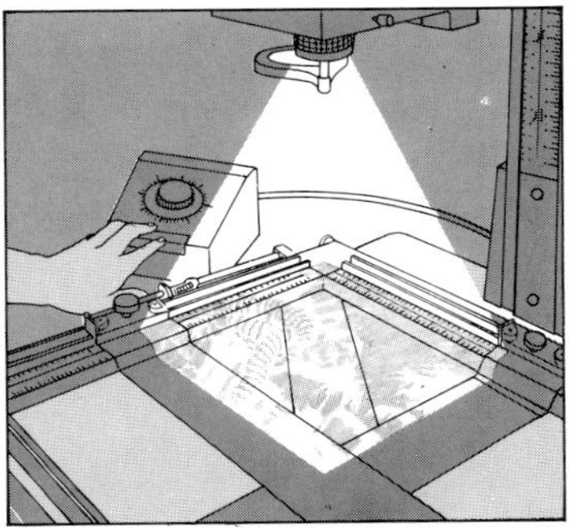

3. Espere hasta que todas las vibraciones ocasionadas al retirar el filtro rojo se hayan amortiguado. Conecte de nuevo la ampliadora y cronometre el tiempo. Tenga el cartón opaco a punto para la siguiente fase de la exposición. No aparte la vista del cronómetro.

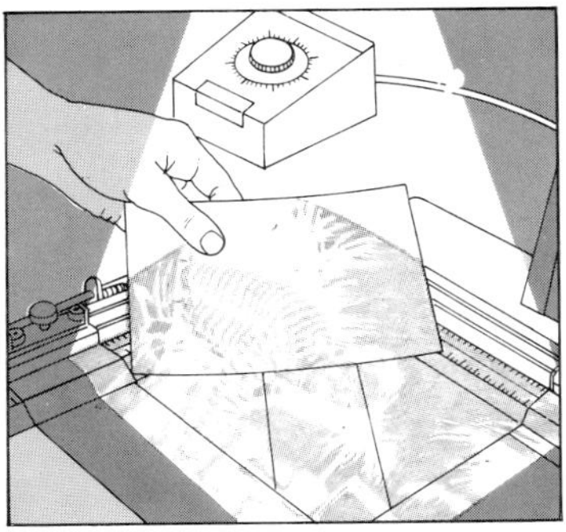

5. Diez segundos más tarde apague la ampliadora y cubra otra quinta parte de la tira. Encienda de nuevo, cronometrando como antes. Repita este proceso después de 20 y 40 segundos, cubriendo cada vez un quinto más del papel hasta cubrir la totalidad de la tira.

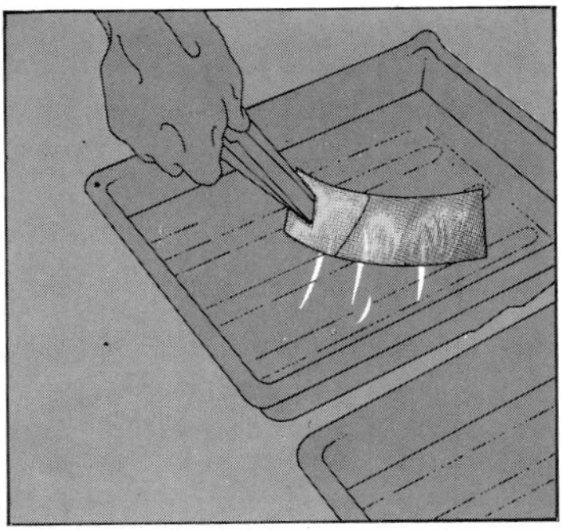

6. Revele la copia durante el tiempo recomendado, aclare, fije y déjela secar. Una vez seca la tira, obsérvela a plena luz. Averigüe el tiempo de exposición que corresponde a la mejor banda de la tira. Ésta será la exposición principal para todas sus copias.

HAGA UNA COPIA

Una vez elegidos el papel y el tiempo de exposición puede ya realizar su primera copia con los negativos. Para la mayor parte de fotógrafos, la primera copia es también la definitiva. No obstante, todos aquellos que dominan esta técnica saben que la primera copia es sólo el inicio, una más de todas las copias de trabajo que permiten recopilar la información necesaria para llegar a una buena. Poca gente puede permitirse el lujo de seguir siempre este sistema, y la primera copia parece ya apropiada como regalo para la familia o los amigos. De todos modos, si desea una copia para enmarcar o para exhibir, merece la pena realizar toda una serie de copias de trabajo mejorando el equilibrio de los tonos en cada una. Al principio es mejor intentar conseguir negros intensos y blancos brillantes, para mejorar posteriormente los restantes tonos intermedios.

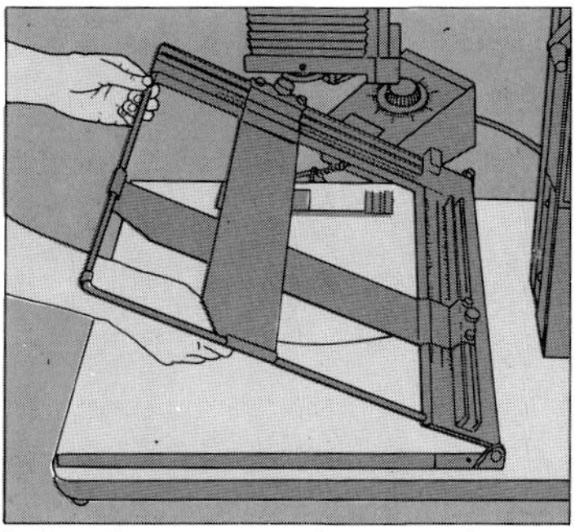

1. Para hacer una copia, saque de su envoltorio una hoja entera de papel, empleando siempre la luz de seguridad. Levante el bastidor y deslice el papel hasta la esquina. Vuelva a bajar el bastidor con suavidad.

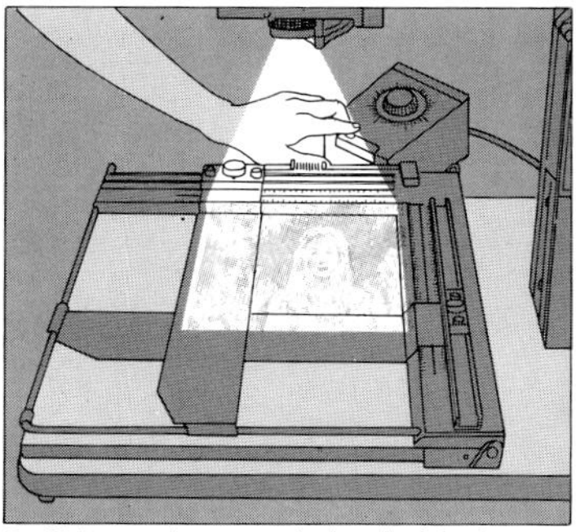

2. Coloque la mano bajo el objetivo para bloquear la luz y encienda la ampliadora. Espere unos diez segundos hasta que las posibles vibraciones se hayan amortiguado. Retire la mano para comenzar la exposición. Empiece a cronometrar el tiempo inmediatamente.

Mejores los negros
Muchas copias de aficionado carecen de garra debido a que los negros son débiles. Para asegurar negros intensos:

- **Utilice papel brillante** a menos que la copia vaya a exhibirse bajo una luz muy directa.

- **Adecúe siempre el papel al revelador.**

- **Revele siempre hasta el final.** Si el revelado es insuficiente, parte del grano expuesto puede no transformarse en plata negra.

- **No subexponga nunca la foto,** aunque pretenda sobrerrevelarla para aumentar el contraste. Para sacar el máximo partido a la capacidad del papel hay que exponerlo completamente.

- **Ensaye el negro más intenso** que puede dar un papel velando totalmente una hoja y revelándola durante un tiempo doble al recomendado.

● **Prevenga las vibraciones** durante la exposición. Puede emborronar una copia tan fácilmente como una sacudida de la cámara el negativo.

● **Utilice un temporizador de exposición,** si dispone de él, para poner en marcha y finalizar la exposición. Reducirá al mínimo las vibraciones.

● **No toque la ampliadora durante la exposición.** Vaya con cuidado en las operaciones de reservado.

● **Trabaje de noche,** cuando hay menos tráfico, si las vibraciones de los camiones suponen un problema.

● **No camine por la habitación** durante la exposición; con ciertos tipos de suelo la ampliadora puede llegar a moverse.

● **Si hay fugas de luz** en el cubrelámparas de la ampliadora, la copia puede velarse. Pinte de negro mate la pared posterior a la ampliadora para reducir reflejos.

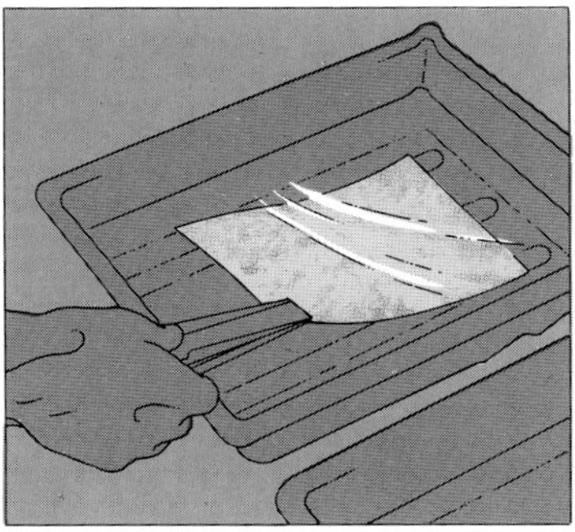

3. Al final del tiempo de exposición previamente ensayado, desconecte la ampliadora. Saque el papel del bastidor y páselo al revelador. Revele la copia durante el tiempo recomendado.

4. Después de aclarar la copia en el baño de paro durante tres minutos, pásela al fijador recién preparado y manténgala sumergida durante otros tres minutos, agitando continuamente. Lave y seque la copia normalmente.

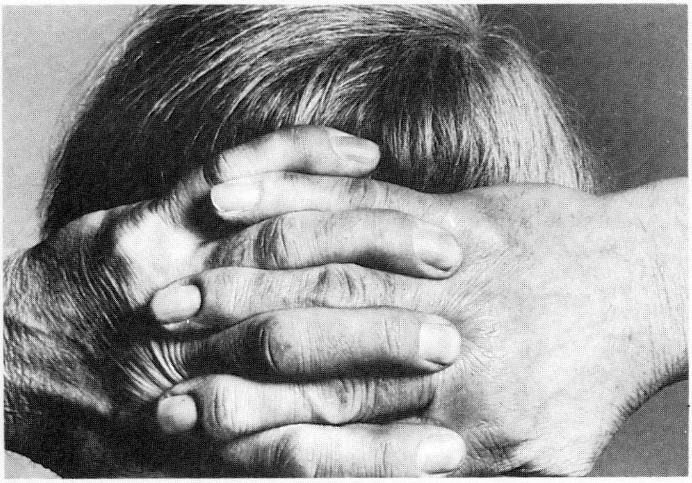

RESERVE LAS LUCES ALTAS

Algunos negativos tienen un contraste tan extremo que no es posible obtener buenos detalles en las luces altas sin sobrexponer peligrosamente las sombras, incluso empleando papel del grado más blando. Una reproducción sobre papel blando puede privar a la foto de todo su impacto, puesto que los tonos medios y las sombras se mezclan hasta confundirse. La solución está en emplear el grado de papel correcto para todo el negativo excepto las luces altas y luego proceder a «reservar» éstas. Para ello se da la exposición correcta a toda la copia y luego se enmascara toda la imagen menos las luces altas para continuar la exposición.

● **Reserve el cielo** en las fotos de paisajes. El contraste entre cielo y tierra en este tipo de fotos es tan grande que el cielo acostumbra a salir pálido y poco interesante en una copia normal. Reservando el cielo puede recuperar el detalle de las nubes. Tenga cuidado de no excederse con la sobrexposición.

● **Utilice sus manos para enmascarar** siempre que le sea posible. El empleo de las manos incrementa la sensibilidad y puede animarle a descubrir sutiles mejoras que ignoraría trabajando solamente con máscaras recortadas.

● **Emplee un interruptor de pie** para controlar la ampliadora, así tendrá las manos libres para la exposición de la copia.

● **Cierre la lente** para disponer de una exposición suficientemente larga y poder controlar el reservado.

◄En una copia normal, las luces altas, como el cabello de la muchacha, son de un color blanco casi puro. Para oscurecer esta zona utilicé una máscara de cartón recortando un espacio correspondiente a las zonas de luces altas. Primero expuse toda la copia durante 20 segundos. Luego coloque la plantilla sobre el papel para sobrexponer la zona del cabello durante otros 12 segundos. Durante el reservado fui moviendo continuamente la máscara para evitar la aparición de perfiles demasiado visibles en la copia.

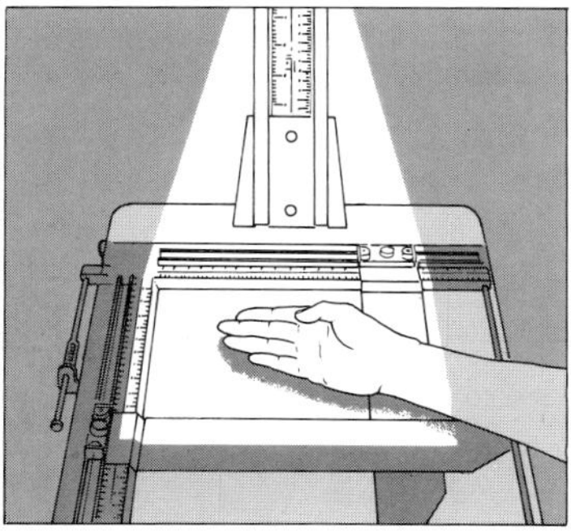

▲Se puede dar un sombreado a la copia durante la exposición reservando las zonas de luces altas.

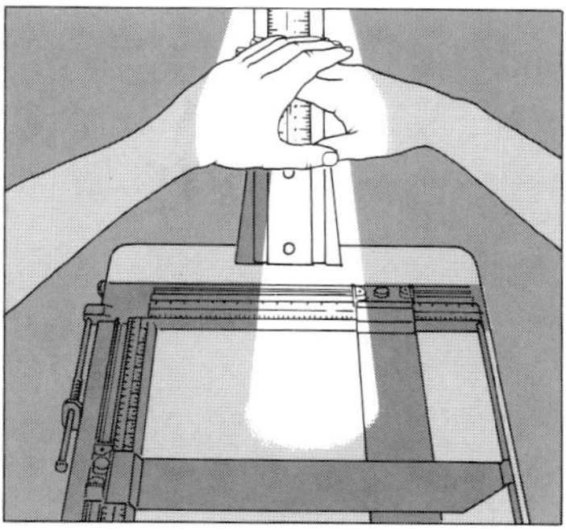

▲Mantenga la mano cerca de la copia. Reserve la parte central de la copia formando un círculo con las manos y colocándolas justo debajo del objetivo.

▲Para reservar imágenes con luces altas, merece la pena confeccionar una plantilla. Para ello coloque un trozo de cartón bajo la ampliadora y señale las áreas de luces altas. Recorte estas figuras con una cuchilla.

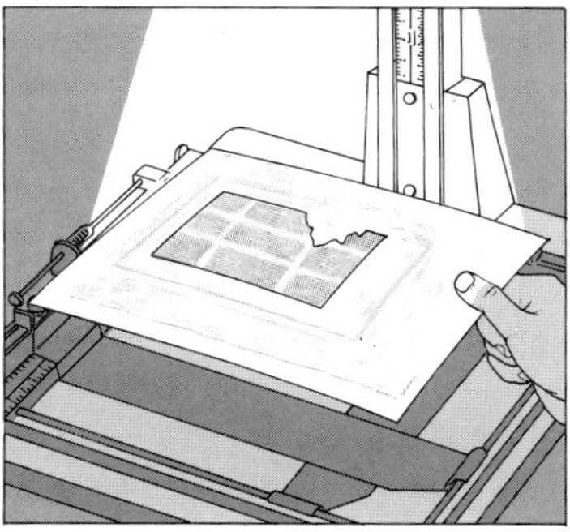

▲Para reservar las luces altas con una máscara, realice primero la exposición normal. Apague la ampliadora y coloque la plantilla en su sitio. Vuelva a conectar la ampliadora. Vaya moviendo ligeramente la máscara para evitar la formación de bordes definidos.

▲Es conveniente preparar varias plantillas multiuso para todo tipo de operaciones de reservado (ver página 60). Las máscaras para reservado por subexposición acostumbran a fijarse al extremo de un alambre rígido para facilitar su manejo.

▲Para un control estrecho fino sobre los tonos de la imagen, puede preparar máscaras en papel de seda. Variando el número de capas de papel puede controlar la exposición con gran precisión.

RESERVE LAS SOMBRAS

También es posible reservar las sombras para asegurar la fidelidad de los detalles y los tonos. Para ello, igual que en el reservado por sobrexposición, utilizaremos toda una gama de plantillas para controlar la exposición que reciben las distintas zonas de la copia. La reserva por subexposición consiste en reducir la exposición en las zonas de sombras, mientras el resto de la copia recibe una exposición normal.

- **Establezca la exposición local** con la ayuda de tiras de prueba.
- **Vaya girando el alambre de la máscara** cuando tenga que reservar hacia el centro de la copia: de lo contrario, la sombra blanca del alambre puede aparecer en la copia.
- **Vaya moviendo la máscara** durante el reservado para suavizar los bordes de la zona tratada y que se funda con el resto de la copia.

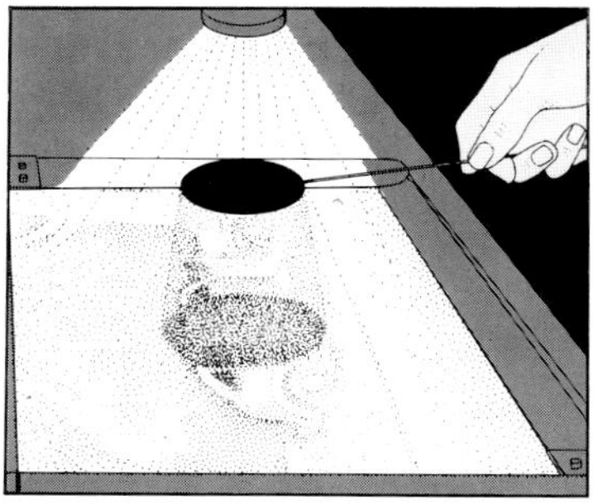

◄En la copia directa de este negativo, el taxista londinense se pierde en la sombra del coche. Para evitar que ambos quedaran demasiado oscuros, decidí reservar la copia. El tiempo de exposición para la copia directa era de 20 segundos, así que expuse toda la copia durante 10 segundos y luego coloqué una simple máscara circular sobre el taxi durante los 10 segundos restantes. De esta forma fue posible obtener una imagen del taxista más clara y contrastada frente al color oscuro del coche.

EL CONTRASTE LOCAL

Con papel de contraste variable es posible controlar no sólo la exposición de modo local sino también el contraste. Si el contraste en una zona de la copia debe aumentarse o rebajarse para crear el mejor efecto, puede emplear máscaras de forma similar a la técnica de reservado. El grado de contraste de un papel de contraste variable cambia según el color del filtro que se utilice. Reproduciendo algunas zonas de la copia con un color de filtro determinado y otras con otro puede conseguir el contraste deseado en cada parte de la imagen. Un punto importante a tener en cuenta al aplicar esta técnica es que la exposición necesaria varía con el grado de contraste empleado. Recuérdelo al calcular la exposición necesaria para cada parte de la foto.

1. Para ajustes locales del contraste con papel de contraste variable, recorte una máscara opaca que cubra la zona deseada. Para incrementar la separación de tonos en las sombras y conservar el contraste normal en el resto de la foto, recorte una máscara para la zona de sombra.

2. Después de una serie de ensayos para establecer la exposición relativa necesaria, exponga toda la copia a través del filtro de grado preciso para la zona que debe quedar enmascarada. Para un mayor contraste en las sombras, emplee el filtro de grado más duro (n.º 7).

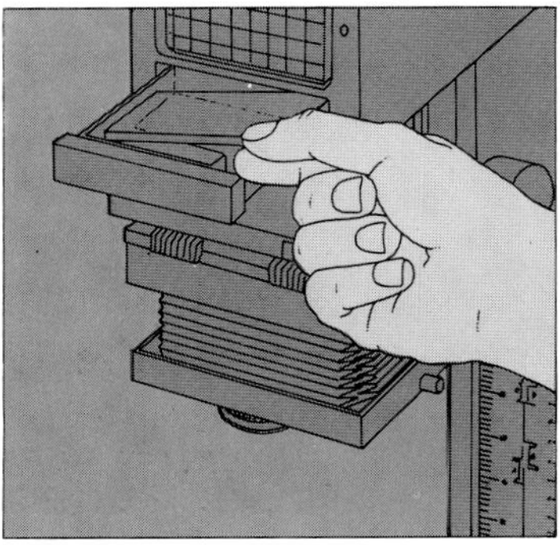

3. Tras el tiempo correcto de exposición para la zona que debe quedar enmascarada, apague la ampliadora. Coloque el filtro de contraste adecuado para el resto. Si hay que enmascarar las sombras, lo adecuado será emplear un filtro de grado más bajo, por ejemplo, el n.º 4.

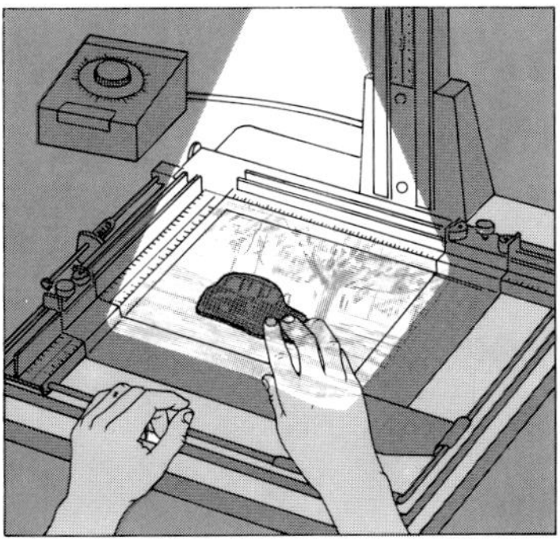

4. Coloque la máscara en su sitio sobre la copia y proceda a la segunda parte de la exposición. Por lo general, esta parte será más corta, ya que su finalidad es la de añadir detalles y tono. Vaya moviendo el borde de la máscara durante la exposición para evitar aparezca en la copia.

VIÑETE LA IMAGEN

Para dar a la copia un aspecto antiguo, o para dirigir la atención hacia el centro de la imagen, puede proceder a «viñetar» la copia. Con este proceso, la imagen se va desvaneciendo gradualmente hacia el negro o el blanco más inmediato, un efecto especialmente atractivo en los retratos. El viñetado se consigue, al igual que el reservado, enmascarando la zona necesaria pero difuminando los bordes durante la exposición. Un viñetado normal hace resaltar la figura, uno invertido (sobre un fondo oscuro) da la sensación de profundidad.

▼Las copias viñetadas sobre un fondo negro tienden a ser sugestivas y espectaculares; el efecto se ve reforzado con una iluminación de un tono bajo similar. El efecto de la foto inferior se consiguió exponiendo primero toda la copia normalmente. Luego se sacó el negativo de la ampliadora y se colocó una máscara ovalada justo debajo del objetivo para tapar al muchacho. El resto de la copia fue velado enteramente encendiendo la ampliadura durante tres minutos con la máxima abertura posible.

▼Las copias viñetadas sobre un fondo claro dan una sensación más ligera, ofrecen mejor resultado si la iluminación de la foto es débil y de tono alto. Esto es especialmente cierto si se desea conseguir un aspecto de antigüedad, tal vez porque nos imaginamos que las copias antiguas han de verse difuminadas. Para crear un viñetado de este tipo, recorte una máscara con un orificio ovalado en el centro. Colóquela aproximadamente a media distancia entre el objetivo y el bastidor y dé una exposición normal al centro de la imagen.

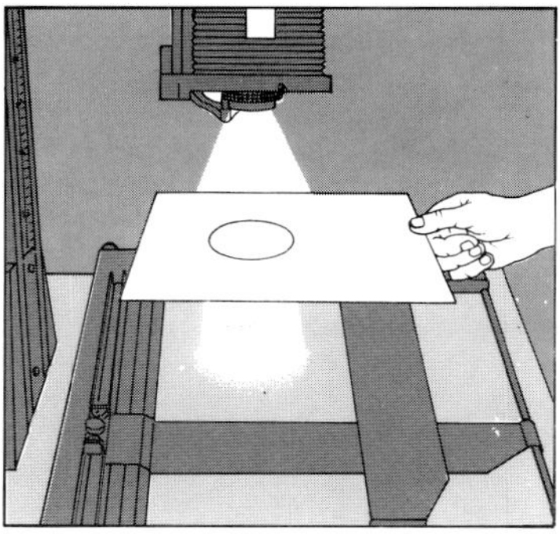

CONTROLE LA PERSPECTIVA

Si dirige la cámara hacia arriba para poder incluir en el encuadre la parte superior de un edificio alto, comprobará que todas las líneas verticales de la foto parecen converger de una forma poco natural. Es posible corregir en gran parte este efecto en la reproducción, exceptuando las líneas verticales convergentes más acentuadas, inclinando deliberadamente el bastidor donde se coloca el papel para distorsionar la copia y recortando con máscaras posteriormente para restablecer la forma original.

- **Componga y enfoque** la imagen en el bastidor de la ampliadora.

- **Incline el bastidor hacia arriba** sobre el extremo inferior de la foto, de forma que se acerque al objetivo de la ampliadora. Observe cómo la perspectiva se endereza.

- **Apuntale bien el bastidor** cuando la perspectiva parezca natural.

- **Recorte la imagen** enmascarando la parte superior, más alejada del objetivo: para ello basta mover las guías del bastidor hacia adentro.

- **Reduzca la abertura de diafragma** para aumentar la profundidad de foco y mantener la copia enfocada.

- **El sombreado debe efectuarse** desde la parte superior a la inferior: esta última está más alejada del objetivo y precisa mayor exposición.

▼Para centrar la cúpula entre las columnas dejando una zona limpia de cielo en medio, tuve que acercarme mucho al primer plano y no pude evitar las líneas verticales convergentes.

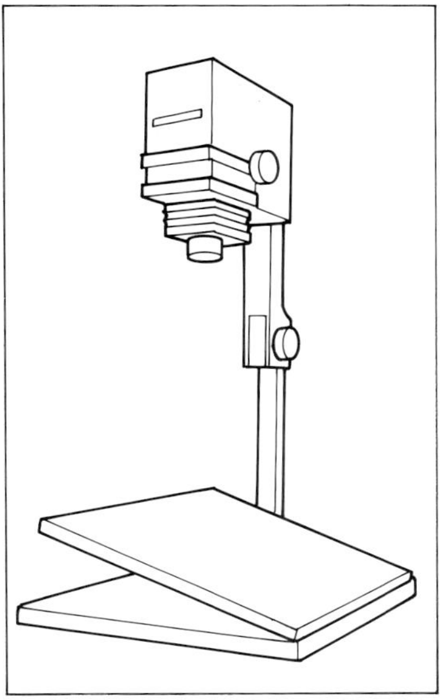

◄La forma más sencilla de corregir las líneas verticales convergentes es inclinar el papel de la copia. Un efecto similar puede conseguirse inclinando el cabezal de la ampliadora. El grado de corrección que permite este método está limitado por la profundidad de foco. En algunas ampliadoras es posible aumentar la profundidad de campo, cuando el bastidor está inclinado, inclinando el negativo, el objetivo y el tablero de la ampliadora independientemente. Si inclina el negativo situado en el cabezal en una dirección con la lente horizontal, y el bastidor en la otra, puede conseguir que toda la imagen esté enfocada.

▼Al imprimir la copia corregí la perspectiva para conseguir este efecto mucho más natural levantando la parte inferior de la foto hacia el objetivo de la ampliadora para conseguir que este extremo de la imagen se «encogiera».

PREPÁRESE PARA EL COLOR

El revelado del color tiene mucha similitud con el del blanco y negro, y el equipo necesario es básicamente el mismo. No obstante, todos los procesos con material para color requieren una precisión mucho mayor en el control del tiempo y la temperatura; ello se debe básicamente, a la existencia de tres emulsiones en lugar de una, por lo que los errores de exactitud durante el revelado conducen a un desequilibrio del color.

● **Utilice tanques de plástico** para revelar siempre que le sea posible. Los de acero inoxidable pueden verse atacados por ciertos productos químicos (especialmente las disoluciones de blanqueado/fijado) y también cuestan más de vaciar, lo cual puede alterar el perfecto cronometraje de los distintos procesos.

● **Compruebe la temperatura** con un termómetro de mercurio; los de alcohol no son lo suficientemente precisos para este trabajo.

● **Si piensa trabajar mucho con el color** considere la posibilidad de adquirir un calentador eficaz para asegurar así un control exacto de las temperaturas.

● **Utilice distintos recipientes** para los materiales de blanco y negro y de color. Los productos químicos para el color pueden contaminar las disoluciones para blanco y negro, a menos que limpie todos los recipientes con cuidado.

Material imprescindible:
1. Tanque de revelado para película
2. Probetas graduadas
3. Baño de agua para las disoluciones
4. Termómetro de precisión
5. Tijeras
6. Pinzas para películas
7. Guantes de goma
8. Calentador de bandejas

Revelado de negativos de color

	Proceso Kodak C-41		Proceso Agfa N	
Etapas del revelado	**Temperatura**	**Tiempo**	**Temperatura**	**Tiempo**
Revelador de color	37,8 ± 0,2 °C	3 1/4	20 ± 0,2 °C	8
Baño intermedio			20 ± 0,2 °C	4
Lavado			14 – 20 °C	14
Blanqueado	24-40 °C	6 1/2	20 ± 0,5 °C	6
Lavado	24-40 °C	3 1/4	14-20 °C	6
Fijado	24-40 °C	6 1/2	18-20 °C	6
Lavado	24-40 °C	3 1/4	14-20 °C	10
Estabilizador	24-40 °C	1 1/2		
Secado		10-20		10-20

La gran mayoría de las películas de color pueden revelarse mediante el proceso Kodak C-41. Los negativos de color Kodak, Fuji, Konica y algunos Agfa pueden revelarse con los productos químicos del C-41. La secuencia apuntada anteriormente corresponde al sistema Kodak Flexicolor, pero la mayor parte de fabricantes han lanzado también al mercado su propio equipo C-41. Algunas películas requieren el proceso Agfa N, por tanto no olvide comprobar el tipo de negativo antes de empezar. Tenga cuidado también cuando maneje los productos químicos: algunos son muy perjudiciales. Utilice guantes de goma y asegúrese de que los frascos están convenientemente etiquetados.

Revelado de películas reversibles (diapositivas) de color

	Proceso E-6 Kodak Ektachrome		Proceso P41 Agfachrome	
Etapas del revelado	**Temperatura**	**Tiempo**	**Temperatura**	**Tiempo**
Primer revelador	38 ± 0,3 °C	6	20 ± 0,2 °C	19
Lavado	33-39 °C	1 1/2-3	14-20 °C	1/4
Baño de paro			18-20 °C	4
Lavado			14-20 °C	10
Baño de inversión	33-39 °C	1 1/2-3	2.ª exposición	
Revelador de color	38 ± 0,6 °C	6-8	20 ± 0,5 °C	14
Acondicionador	30-40 °C	2		
Lavado			14-20 °C	20
Blanqueado	33-39 °C	3-6	18-20 °C	5
Lavado			14-20 °C	5
Fijado	33-39 °C	3-6	18-20 °C	5
Lavado	33-39 °C	1 1/2-4	14-20 °C	10
Estabilizador	33-39 °C	1/2-3		
Secado	por debajo de 60 °C		por debajo de 60 °C	

Casi todas las películas de diapositivas pueden revelarse también en casa. La única excepción importante es la película Kodachrome. Los procesos de revelado susceptibles de uso domésticos pueden incluirse en dos categorías: Kodak Ektachrome E-6 y Agfa P-41. El revelado E-6 puede emplearse en películas de tipo A, como Ektachrome y Fujichrome. Las películas de tipo B, como Agfacrome, deben ser reveladas mediante el sistema P41. El proceso E-6 es mucho más rápido, pero precisa temperaturas superiores y un control mucho más estrecho del tiempo y la temperatura.

REVELE NEGATIVOS DE COLOR

La secuencia de revelado para los negativos de color varía según el equipo empleado, por lo que es importante seguir las indicaciones del fabricante al pie de la letra. En cualquier caso, es necesario prestar una atención minuciosa a los tiempos de cada etapa, las temperaturas y la agitación constante, especialmente durante el revelado. A diferencia del trabajo con blanco y negro, no se puede pasar por alto un descenso de medio grado en la temperatura, o incluso el tiempo que tarda en llenarse y vaciarse el tanque. Si no dispone de un termostato para regular la temperatura asegúrese de que la temperatura media es correcta. En otras palabras, si el revelador se enfría dos grados durante el revelado, comience con una temperatura un grado (la mitad de dos grados) superior a la requerida. Con el Flexicolor sin embargo, no conviene variar ni un cuarto de grado.

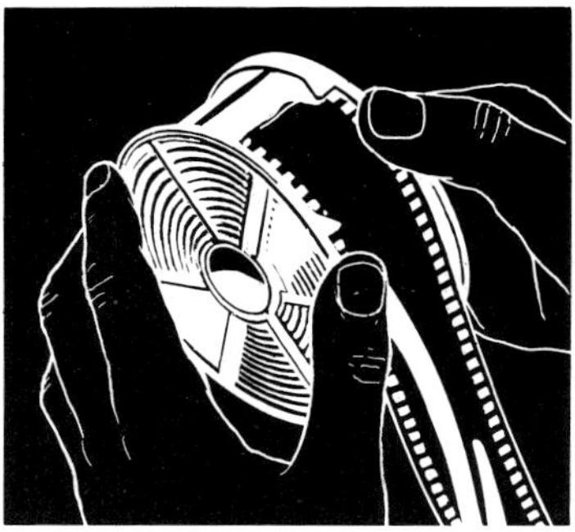

1. Cargue la película en el tanque en ausencia total de luz, de la misma forma exacta que en el caso de las películas en blanco y negro. Como la película de color es incluso más sensible al velado que la de blanco y negro, vuelva a comprobar si su lugar de trabajo es totalmente oscuro.

2. Mezcle los productos químicos con cuidado y evitando la contaminación de unas disoluciones con otras. Numere los recipientes en el orden en que vayan a usarse y colóquelos, junto con el tanque de revelado, en un baño de agua, hasta que adquieran la temperatura deseada.

5. Vacíe el tanque y guarde el revelador aún utilizable en un frasco. Con el proceso C-41, vuelva a llenar rápidamente el tanque con el blanqueador a la temperatura adecuada. El proceso Agfa N exige un baño intermedio y un lavado con agua corriente antes del blanqueado.

6. Blanquee durante el tiempo recomendado, luego vacíe el tanque y lave en agua corriente. Recuerde que el agua debe mantenerse a la temperatura adecuada. Compruebe la temperatura del fijador, viértalo en el tanque y empiece a cronometrar el tiempo.

● **Comience a vaciar** el revelador un poco antes de agotar el tiempo de revelado para incluir también el que tarda en vaciarse el tanque.

● **Procure evitar** las salpicaduras de productos químicos. Elimine inmediatamente cualquier gota derramada.

● **Ajuste el tiempo de lavado** de acuerdo con la temperatura del agua, entre 24 y 40 °C como máximo.

● **Utilice agua del baño de agua** para los primeros aclarados, luego añada gradualmente agua más fría. Asegúrese de que el baño de agua no está contaminado.

● **No permita** que la temperatura del agua baje de los 20 °C.

● **No se preocupe** por el aspecto lechoso que presenta la emulsión cuando está húmeda. Este velo desaparece al secarse la película.

3. Compruebe la temperatura del revelador y corríjala si es necesario. Viértalo en el tanque con rapidez pero con cuidado y cronometre el tiempo. Golpee el tanque contra la mesa para desalojar las burbujas de aire atrapadas en la superficie de la película. Empiece a agitar inmediatamente.

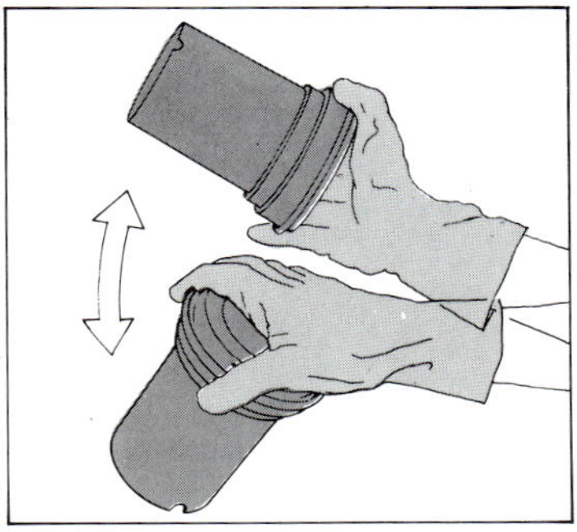

4. Agite el tanque según las instrucciones del fabricante y luego compruebe la temperatura. Si ha descendido, averigüe cuánto debe prolongar el tiempo de revelado para compensar este descenso. Deposite el tanque en el baño de agua entre los períodos de agitación.

7. Al final del tiempo señalado para el fijado, vacíe el tanque una vez más y lave con agua corriente. Si así se indica, vierta el estabilizador y luego seque sin aclararlo. En caso contrario, aplique un aclarado final a la película en agua tratada con humectante.

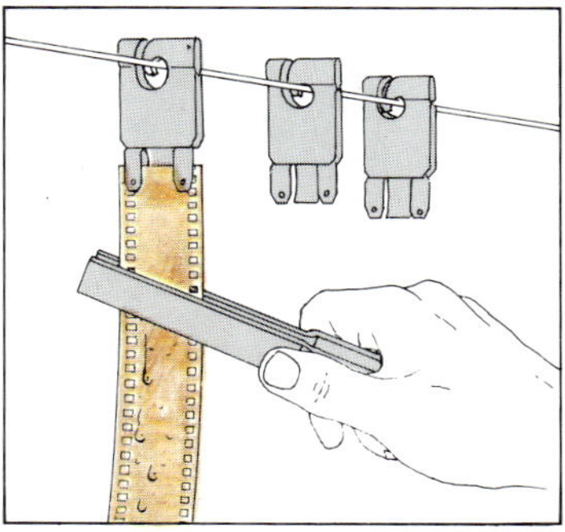

8. Sujete una pinza al extremo final de la película y extráigala de la espiral. Elimine el agua sobrante con sumo cuidado y cuélguela en un ambiente cálido y libre de polvo. Asegúrese de que la temperatura en la zona de secado no supera los 45 °C ya que la emulsión podría sufrir daños.

REVELE LAS DIAPOSITIVAS

El revelado de diapositivas en color requiere quizá una precisión aún más elevada que el revelado de los negativos. Ello se debe a que es un producto ya terminado, y no existe la oportunidad de corregir cualquier fallo. El revelado es también algo más complejo. En lugar de empezar directamente con el revelador de color, que forma pigmentos coloreados en las partes expuestas de la imagen, la película de diapositiva en color requiere un revelado previo para obtener la imagen negativa en blanco y negro. Esta imagen debe ser «invertida» a positivo antes de llevar a cabo el revelado del color, de ahí el nombre de películas invertibles o reversibles. Con el proceso E-6, esta inversión se consigue químicamente; con el proceso P41, la película y la espiral deben sacarse brevemente del tanque para ser veladas por luz blanca.

1. Cargue la película en el tanque en ausencia total de luz, exactamente del mismo modo que en el caso de los negativos de blanco y negro y color. Cuando la película esté totalmente segura en el tanque, coloque éste en el baño de agua para calentarlo hasta la temperatura adecuada.

2. Compruebe la temperatura del primer revelador y corríjala si es necesario. Con el tanque sobre la mesa, vierta el revelador y empiece a cronometrar el tiempo. Golpee el tanque vigorosamente sobre la mesa para desalojar las burbujas de aire y comience a agitar el tanque.

5a. Compruebe la temperatura del baño de inversión: debe haber una diferencia máxima de 2 °C respecto a la temperatura correcta. Vierta el baño de inversión en el tanque y agite por inversión tal como se indica. Este baño suele durar unos dos minutos.

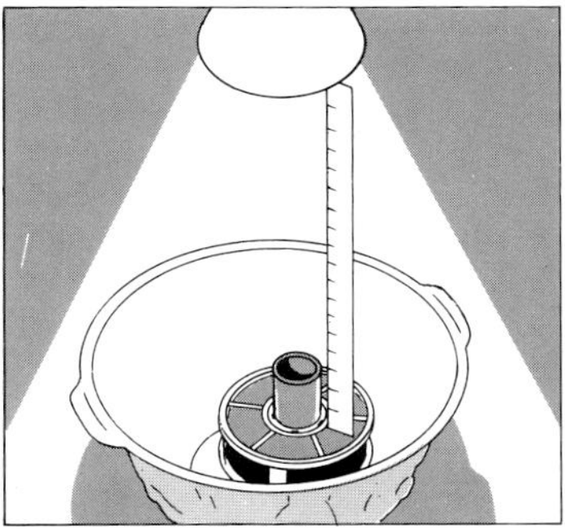

5b. Con el proceso P41, coloque la espiral en un recipiente blanco. Coloque una bombilla del 150 W en un portalámparas doméstico, a 30 cm de la espiral. Encienda la bombilla durante un minuto. Apague, dé la vuelta a la espiral y repita la exposición durante otro minuto.

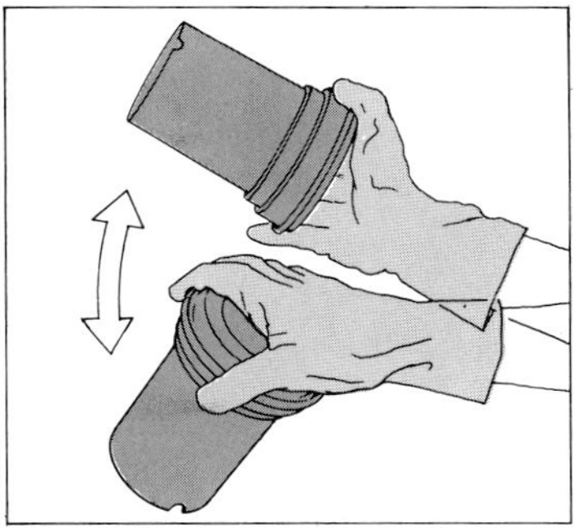

3. Agite el tanque según las instrucciones para el revelado, volviendo a colocarlo en el baño de agua entre los períodos de agitación. Una vez acabado el primer revelado, lave en agua corriente o bien con agua del baño de agua durante el tiempo prescrito.

4. Si se indica la necesidad de un baño de paro, viértalo ahora en el tanque y vuelva a lavar de nuevo. En caso contrario, prepárese para la fase de inversión. Con el proceso E-6, ejecute el paso 5a. Con el Agfa P41, saque la espiral del tanque con cuidado y pase a la fase 5b.

6. Compruebe la temperatura del revelador de color y corríjala si es necesario. Viértalo y empiece a cronometrar el tiempo. Golpee el tanque para desalojar las burbujas de aire y agite Empiece a vaciar el tanque un poco antes de que se cumpla el tiempo de revelado.

7. Vierta el baño de paro, el lavado o el acondicionador según sea el caso. Vacíe el tanque y añada el blanqueador. Después del blanqueado lave si es necesario, luego añada el fijador. Lave con agua corriente durante el tiempo recomendado, aclare en el estabilizador y seque.

LA REPRODUCCIÓN EN COLOR

La reproducción en color es la técnica básica de laboratorio más absorbente, ya que no sólo requiere un revelado muy preciso, sino también un control minucioso del color de la luz de la ampliadora mediante el uso de filtros de colores. No obstante, si ya se desenvuelve con las copias en blanco y negro, no existe ninguna razón para que no intente la reproducción en color. El papel y los sistemas modernos han eliminado una buena parte de las causas de error en la reproducción de copias en color, y pronto descubrirá que el control que puede conseguir le permite realizar copias mucho mejores que las que ofrecen las casas comerciales.

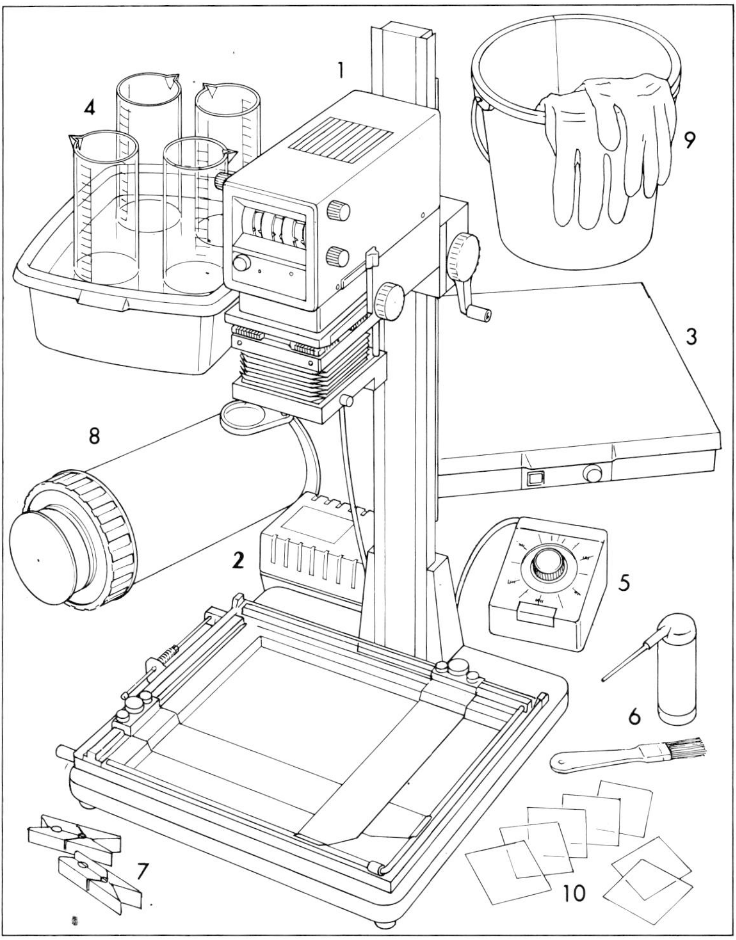

Material imprescindible

1. Ampliadora con facilidades para el filtrado del color
2. Regulador de voltaje
3. Calentador de cubetas
4. Cuba, probetas graduadas y termómetro de precisión
5. Temporizador
6. Pincel y aerosol para limpiar los negativos
7. Pinzas
8. Tanque de revelado para copias
9. Guantes de goma
10. Juego de filtros de acetato

Copias a partir de negativos

	Papeles tipo A Kodak Ektacolor		Papeles tipo B Agfacolor	
	Temperatura	**Tiempo (min.)**	**Temperatura**	**Tiempo (min.)**
Remojado previo	30 °C	1/2	25 °	1/2
Revelador	30 °C	5 1/4	25 °	5
Baño de paro	30 °C	1/2	25 °	2
Lavado	—	—	25 °	2
Blanqueado-fijado	27-33 °C	1	25 °	5
Lavado	20-26 °C	2	25 °	4 1/2

Copias reversibles a partir de diapositivas

	Kodak Ektaprint R-1000		Agfachrome Proceso R	
	Temperatura	**Tiempo (min.)**	**Temperatura**	**Tiempo (min.)**
Remojado previo	30 °C	1	30 °C	1/2
Primer revelador	30 °C	4 1/4	30 °C	3
Baño de paro	30 °C	1/2	30 °C	—
Lavado	30 °C	2	30 °C	3
Revelador de color	30 °C	2 1/2	30 °C	3 1/2
Lavado	21-38 °C	1/2	30 °C	2
Blanqueado-fijado	21-29 °C	4	30 °C	3
Lavado	21-38 °C	2	30 °C	3
Estabilizador	21-38 °C	1/2	—	—
Lavado	21-38 °C	1/4	—	—

Copias Cibachrome a partir de diapositivas

	a 20 °C (min.)	**a 24 °C (min.)**	**a 29 °C (min.)**
Remojado previo	—	—	1/2
Revelador	4	3	2
Aclarado	1/2	1/2	1/2
Blanqueado	4	3	2
Fijado	4	3	2
Lavado	4	3	2

Filtros de color
Los filtros para la reproducción del color mediante el sistema sustractivo son de color amarillo, magenta y cian. Un filtro de máxima intensidad de un color determinado elimina una tercera parte del espectro. La intensidad viene indicada en números hasta 100; cuanto más bajo es el número, por ejemplo 05, más pálido es el filtro. Los filtros empleados para un negativo en particular suelen describirse en el orden amarillo, magenta y cian.

ENSAYE LAS EXPOSICIONES

Al positivar los negativos de color es preciso determinar dos variables antes de realizar cada copia: el tiempo de exposición y el equilibrio del color. Debe empezarse siempre por el tiempo de exposición, puesto que sin una exposición correcta es imposible conseguir un buen equilibrio del color. En muchos sentidos, el ensayo del tiempo de exposición en las copias de color es similar al realizado para el blanco y negro; el método más sencillo y preciso es hacer tiras de prueba con distintos tiempos de exposición. En cualquier caso, antes de iniciar los ensayos, debe comprobar si la luz de la ampliadora es aproximadamente del color requerido, seleccionando el paquete de filtros básico o ajustando los diales de corrección de filtrado del modo recomendado para el papel de copia que utilice. El filtrado depende de la combinación del tipo de papel y de película, y puede oscilar entre 0 y, por ejemplo, 50 magenta, 90 amarillo, 0 cian.

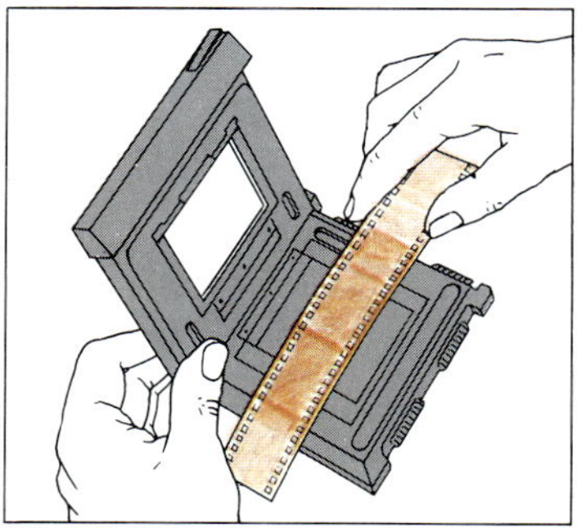

1. Elimine las partículas de polvo del negativo elegido y colóquelo en el portanegativos con la emulsión (parte mate) hacia abajo. Conecte la ampliadora y apague las luces de la habitación. Abra el diafragma del objetivo al máximo y componga y enfoque la imagen sobre el bastidor.

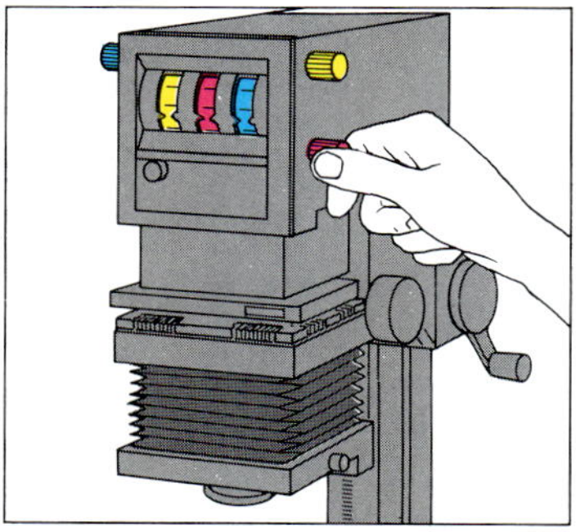

2. Consulte el paquete de papel de copias para saber el filtrado inicial recomendado. Si su ampliadora dispone de cabezal de color con diales de corrección, ajuste los controles del modo indicado. En caso contrario, coloque en el portafiltros un paquete con el número mínimo de filtros.

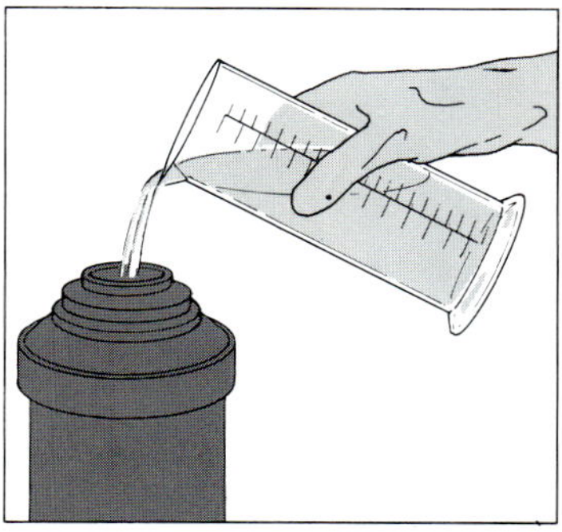

5. Prepare todas las disoluciones y colóquelas en el baño de agua para que alcancen la temperatura deseada. Llene el tambor de copias con agua a la temperatura de remojado previo. Deje reposar durante un minuto, agitando ocasionalmente. Vacíe luego el tambor.

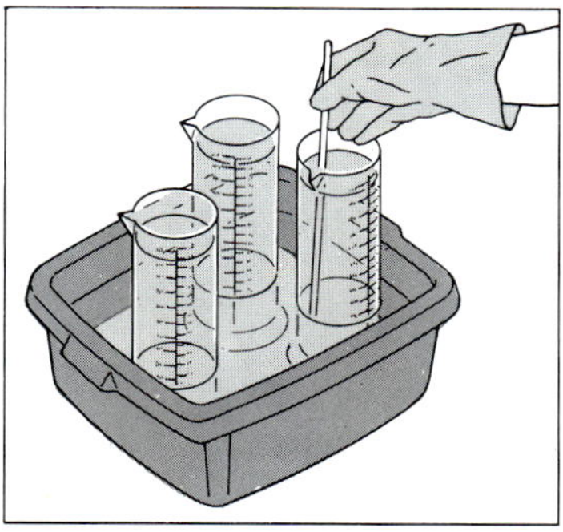

6. Compruebe las temperaturas. Vierta el revelador en el tambor. Algunos tambores se llenan en posición vertical y el revelado comienza cuando se colocan horizontalmente. Otros se llenan ya en posición horizontal, y el revelado se inicia al hacerlos rodar.

● **Utilice un filtro UV** además de los filtros de corrección del color.

● **Emplee una hoja entera de papel** para sus ensayos a menos que su tambor admita tamaños inferiores.

● **Identifique el lado de la emulsión** del papel por su tacto pegajoso.

● **Limpie y seque el tambor** antes de cargar la copia ya expuesta.

● **Revele siempre de la misma forma** para asegurarse los resultados.

● **Nivele el tambor** durante el revelado para que las disoluciones no se concentren en un extremo.

● **Acelere el secado** mediante un secador, manteniendo la copia por debajo de los 93 °C.

● **En un tambor giratorio,** revele con luz de seguridad hasta después del fijado.

3 Reduzca la abertura del diafragma hasta f.11 y desconecte la ampliadora. En la oscuridad o bajo una luz de seguridad Wratten 13, confeccione una tira de pruebas como en el caso del blanco y negro, pero desplace el cartón cada cinco segundos hasta un total de 25.

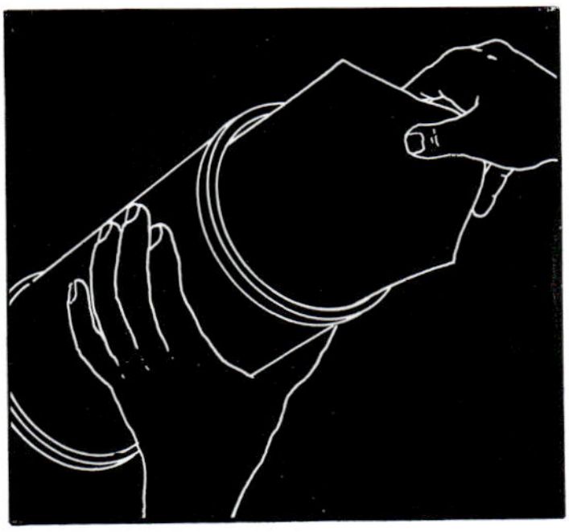

4. Combe suavemente el papel ya expuesto y colóquelo en el tambor de revelado con la cara de la emulsión hacia adentro. Cierre bien la tapa y asegúrese de que no queda papel sin exponer fuera de su envoltorio. Encienda las luces y prepárese a revelar.

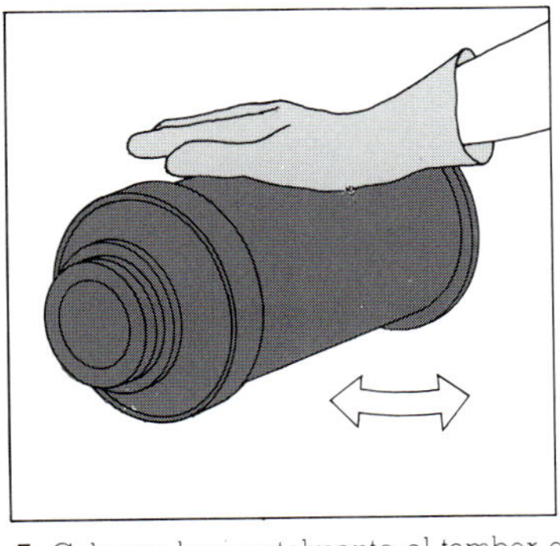

7. Coloque horizontalmente el tambor o hágalo rodar para iniciar el revelado. Empiece a cronometrar el tiempo. Gire el tambor hacia adelante y hacia atrás una vez cada dos segundos, o bien como indique el fabricante. Empiece a vaciar el tambor diez segundos antes del tiempo señalado.

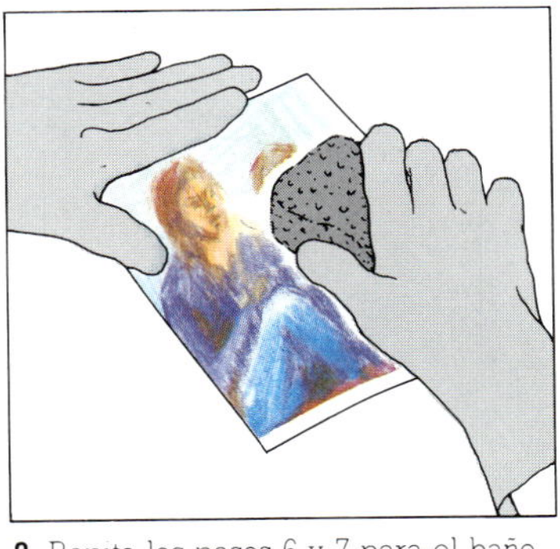

8. Repita los pasos 6 y 7 para el baño de paro y el blanqueado/fijado, luego saque la copia del tambor, sujetándola con cuidado por los bordes. Lávela en una bandeja bajo el grifo de agua caliente durante el tiempo recomendado. Elimine el agua sobrante. Cuélguela a secar.

COMPRUEBE EL COLOR

Al observar las pruebas de ensayo para determinar el tiempo de exposición adecuado, es posible que los colores no queden totalmente equilibrados. Es difícil que el filtrado inicial consiga proporcionar un equilibrio perfecto del color. Por lo general, las primeras pruebas tienen una ligera predominancia de color, y el paso siguiente consiste en averiguar el filtrado necesario para neutralizar la dominante. Ello implica la elaboración de otra tira de pruebas que indique esta vez las combinaciones de filtros o el ajuste del cabezal en lugar de los tiempos de exposición. Para seleccionar el tipo de filtrado es necesario identificar la dominante aproximada. Si los colores de la primera copia son cálidos, la dominante es amarillo, rojo o magenta. Si la copia parece fría, suponga una dominante verde, cian o azul. Para el ensayo del color, añada un ligero filtrado del mismo color inicial y pruebe toda una serie de combinaciones cercanas.

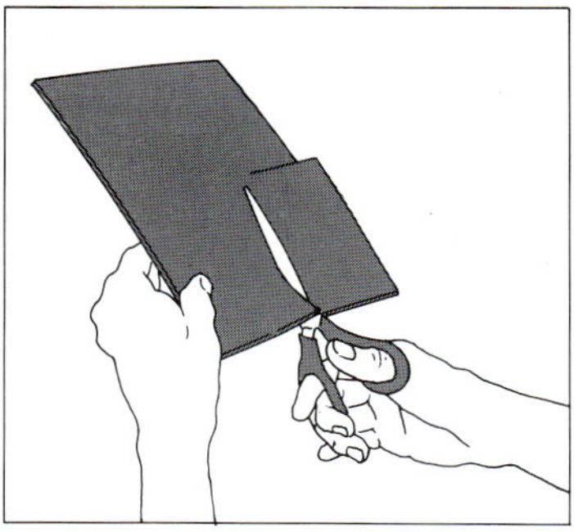

1. Para el ensayo del color, divida la copia en cuadrantes y no en tiras para asegurarse de que cada zona es representativa de toda la copia. Empiece por recortar un rectángulo de cartón opaco que cubra toda la zona de impresión.

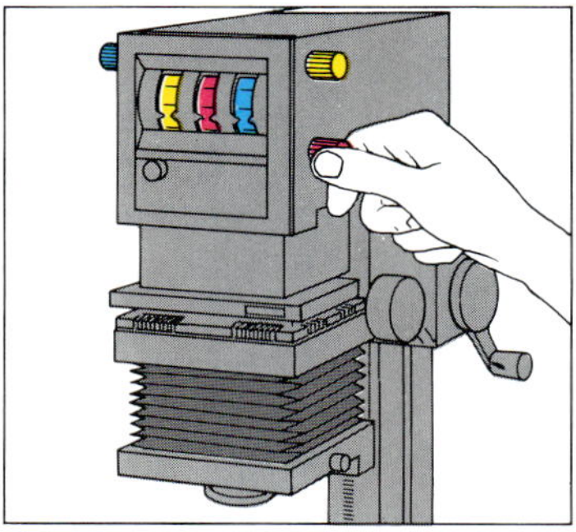

2. Anote los cuatro conjuntos distintos de filtros que vaya a utilizar en el ensayo. Seleccione la nueva combinación en el cabezal o bien utilice un paquete con el mínimo de filtros posible; un 20 M en lugar de dos 10 M, p. e. Apague las luces.

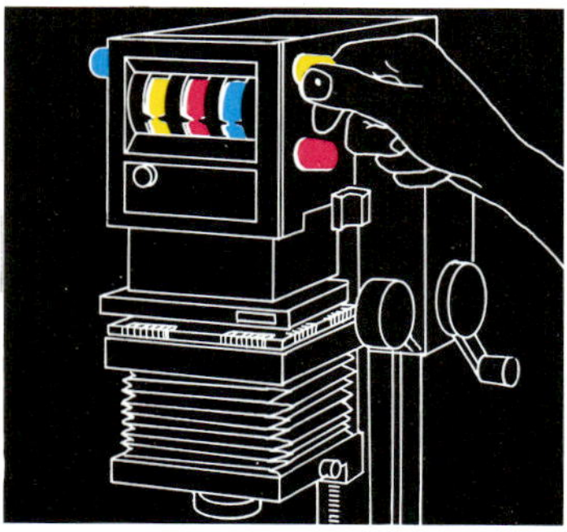

5. Saque la copia del bastidor y colóquela en algún lugar totalmente protegido de la luz. Encienda las luces de la habitación y ajuste el filtrado necesario para la segunda parte del ensayo, o bien coloque el paquete oportuno. Averigüe el cambio de exposición requerido.

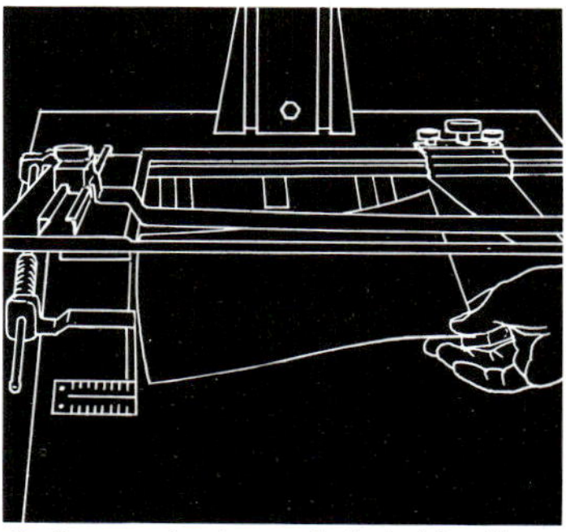

6. Apague las luces de la habitación y tome de nuevo el papel parcialmente expuesto. Vuelva a colocarlo en el bastidor, utilizando la esquina recortada como guía. El papel debe estar exactamente en la misma posición que durante la exposición inicial.

• **No exagere el filtrado.** Un cambio de diez unidades consigue corregir la mayor parte de dominantes suaves.

• **Para corregir una dominante cálida** pruebe a añadir 10Y, 10Y + 10M y 10M al filtrado inicial. Para corregir una dominante fría, pruebe a sustraer 10Y, 10Y + 10M y 10M.

• **No combine nunca** los tres colores de filtro. En lugar de ello, sustraiga el valor del color más débil de los valores restantes.

• **Ajuste el tiempo de exposición** de acuerdo con las indicaciones para cada cambio de filtrado.

• **Identifique con más precisión la predominancia** observando la copia de ensayo a través de una gama de filtros. Hallada la mejor combinación, anote sus valores y utilice filtros de la mitad de esos valores.

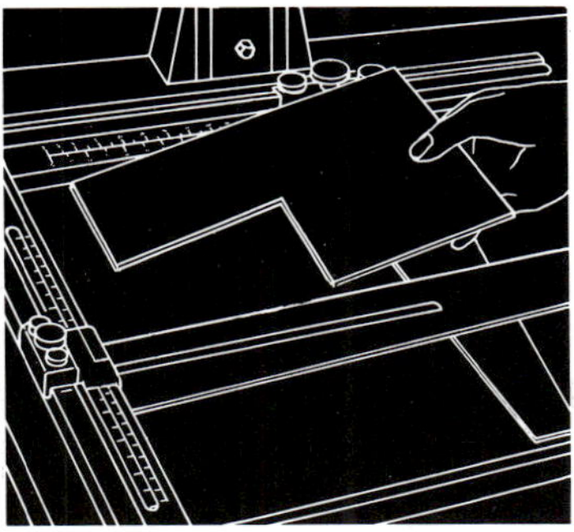

3. Saque una hoja nueva de papel y recorte una esquina. Este detalle le ayudará a colocar la copia en la posición correcta en cada fase de la prueba; coloque el papel en el bastidor y sitúe luego el cartón opaco cubriendo toda la superficie menos un cuadrante.

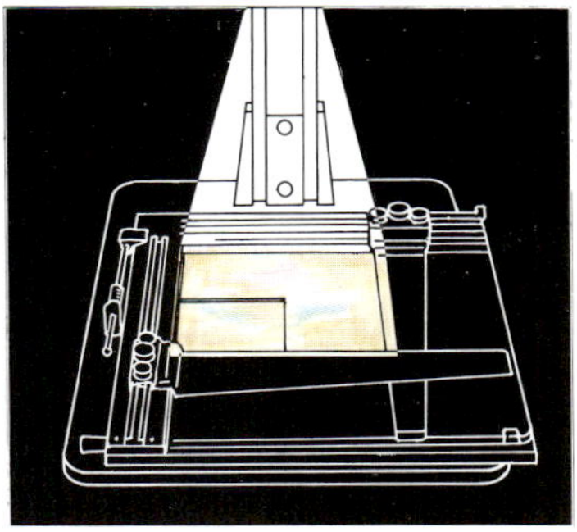

4. Exponga el primer cuadrante durante el tiempo determinado por el ensayo de exposición, ajustado el tiempo convenientemente en función de los nuevos filtros. Una vez acabada la exposición, apague la ampliadora y levante el cartón. Colóquelo sobre la mesa con la misma orientación exacta.

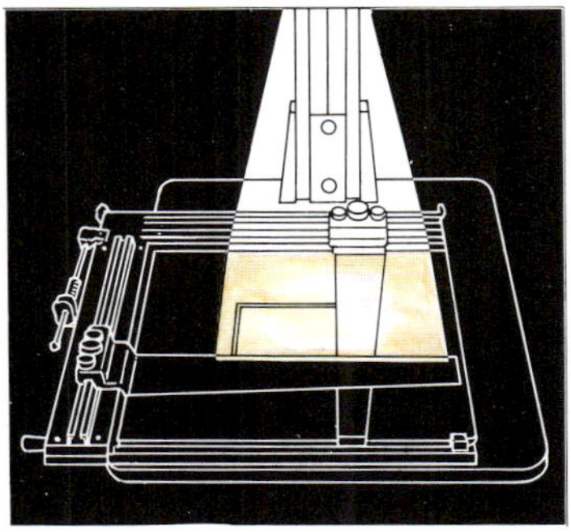

7. Vuelva a colocar el cartón para dejar al descubierto un nuevo cuadrante y lleve a cabo la segunda exposición. Repita este proceso para los dos cuadrantes que faltan, ajustando en cada caso el tiempo de exposición según los filtros empleados.

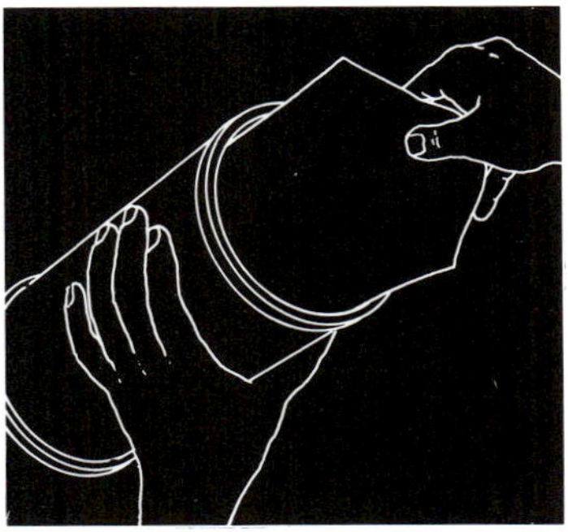

8. Revele la copia de ensayo igual que en el caso anterior. Una vez seca obsérvela bajo una luz potente. Si ninguno de los cuadrantes ha dado un color adecuado, deberá llevar a cabo un tercer ensayo. En caso contrario puede ya realizar la copia entera tomando los valores establecidos.

EQUILIBRE EL COLOR

El ensayo de los cuadrantes le permite acercarse bastante al filtrado necesario para corregir el color, pero ajustar perfectamente el color, suele ser bastante difícil. El problema radica en la identificación del color de la ligera dominante restante. Esta identificación se va volviendo más fácil con la experiencia, pero en los primeros estadios merece la pena confeccionar una tabla de referencia para que nos sirva de guía. Los números que aparecen debajo de cada copia indican la densidad de los filtros necesarios para corregir la predominancia.

40Y 40C

40Y

20Y 20C

20Y

Filtrado correcto

20M 20Y

20M

40M 40Y

40M

● **Busque un segundo color.** La predominancia no siempre tiene una componente única. Una copia con una dominante magenta puede tener también un matiz ligeramente rojizo, lo que hace que la copia parezca anaranjada.

● **Descubra la segunda dominante** haciendo una copia de ensayo que corrija únicamente la predominancia más acusada identificando el filtrado necesario para la otra dominante.

● **Recuerde** que para corregir una dominante roja se precisa un filtrado amarillo y magenta, para un azul, magenta y cian, y para una verde, cian y amarillo.

40C

20C

20C 20M

40C 40M

◄Una tabla de gamas es un valioso elemento de referencia, y puede utilizarse para comparar las copias de prueba e identificar la predominancia. Este cuadro es básicamente una serie de copias efectuadas a partir de un negativo típico, de buena calidad, cada una de ellas con una dominante distinta y bien identificada. Es posible comprar tablas comerciales, pero la elaboración de una propia es la mejor forma de ganar familiaridad con la predominancia de color.

Para ello seleccione un negativo bien expuesto, que posea una buena gama de tonos y colores, incluyendo preferentemente tonos carne, que son particularmente sensibles a los desequilibrios del color. A partir de este negativo, haga una copia bien expuesta y equilibrada y anote el filtrado que utilice.

Empezando con este filtrado como base, haga una serie de copias más pequeñas cambiando progresivamente el filtrado en 20 unidades para cada una de las seis combinaciones de filtros posibles: amarillo, amarillo y magenta, magenta, magenta y cian, cian, cian y amarillo. Coloque estas copias sobre una cartulina blanca como se muestra y anote el filtrado necesario para corregir la predominancia. El filtrado necesario es simplemente el que hay que aplicar para crear la dominante eliminada. Así, si se aplica por ejemplo 40Y 40M, la predominancia se corrige sustrayendo 40Y 40M al paquete original de filtros (o bien añadiendo 40C). Los filtros empleados en este caso son de la firma Kodak.

Para hallar el filtrado necesario para corregir sus futuras copias basta con comparar la copia de ensayo con la tabla de referencia. Una vez hallada la imagen que corresponde al tono de la copia de ensayo basta con anotar el filtrado y aplicarlo adecuadamente a la copia final.

REPRODUZCA DIAPOSITIVAS

Para obtener copias de diapositivas, los fotógrafos solían sacar primero el negativo de la diapositiva, el denominado «internegativo». Hoy en día, no obstante, es muy fácil reproducir la diapositiva directamente sobre papel «positivo/positivo», así llamado porque permite obtener una copia positiva de un original también positivo. Los papeles de este tipo se dividen principalmente en dos grupos: los papeles reversibles y los Cibachrome. Los primeros funcionan de la misma forma que la mayoría de procesos de color, es decir, formando colorantes durante el revelado. Al igual que las diapositivas, la imagen se positiva mediante un revelado de inversión. Por el contrario, el sistema Cibachrome implica la presencia de colorantes en la copia sin exponer que se destruyen de forma selectiva. La secuencia que aparece a continuación corresponde al papel reversible.

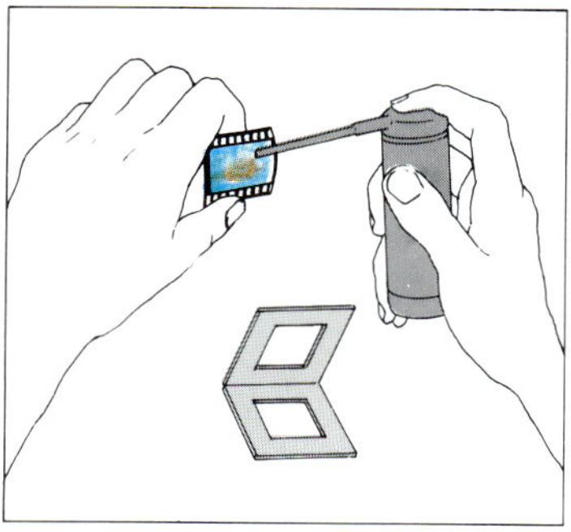

1. Para sacar una copia directamente de la diapositiva hay que extraerla primero de su montura y limpiarla bien, utilizando un pincel suave o un chorro de aire comprimido. Coloque la diapositiva en el portanegativos. Enfoque y componga la imagen del modo habitual.

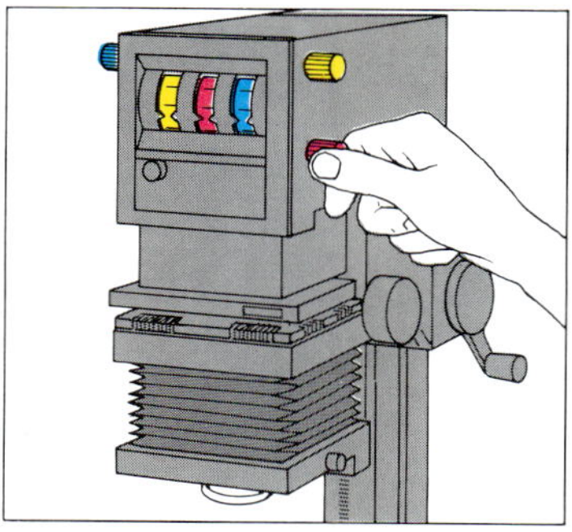

2. Ajuste el filtrado inicial según las indicaciones del paquete de papel. Apague las luces de la habitación y coloque una hoja de papel reversible en el bastidor en ausencia total de luz: no existe ninguna luz de seguridad para el papel positivo/positivo. Prepare el cartón para los ensayos de prueba.

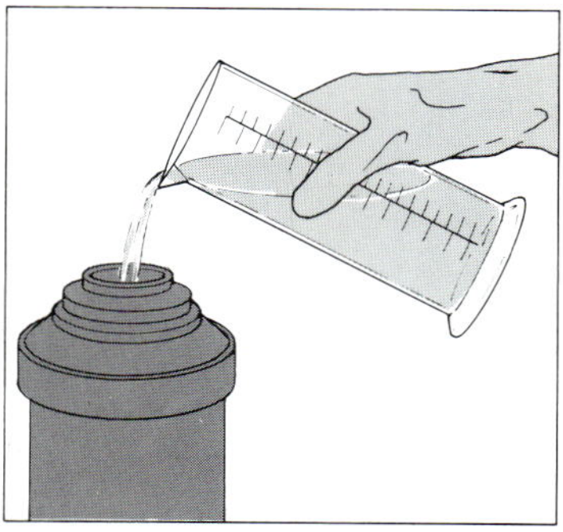

5. Vierta el primer revelador. Agite de la misma forma que en el revelado de negativos. Comience a vaciar el tambor 10 segundos antes de cumplirse el tiempo de revelado. Aplique un baño de paro si es necesario, luego lave bien en baños de agua caliente de dos minutos.

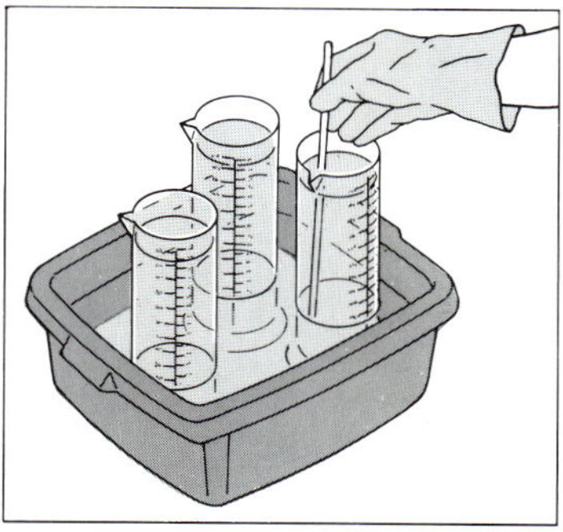

6. Compruebe la temperatura del revelador de color y corríjala si es necesario. Vierta la disolución en el tambor y empiece a cronometrar el tiempo. La precisión es vital, ya que en este estadio la imagen del negativo de plata se invierte en un positivo, formándose la imagen de colorantes.

● **Si la copia es demasiado oscura,** aumente la exposición: lo contrario de lo que conviene en el caso de las copias procedentes de negativos.

● **Identifique la predominancia** comparando el ensayo con la diapositiva.

● **Corrija la dominante de color** eliminando filtros del mismo color o bien añadiendo filtros de los otros dos colores. Cambie el filtrado en unidades mayores que en el caso de los negativos en color.

● **En el caso de copias Cibachrome,** el proceso a seguir es similar: las copias deben revelarse con los productos compatibles según la secuencia siguiente: revelador (3 min.); aclarado (30 seg.); blanqueado (3 min.); fijado (3 min.); lavado (3 min.). Estos tiempos se refieren a un revelado a 24 °C. Añada o reste medio minuto por cada 2 °C por encima o por debajo de los 24 °C, hasta llegar a 29 °C.

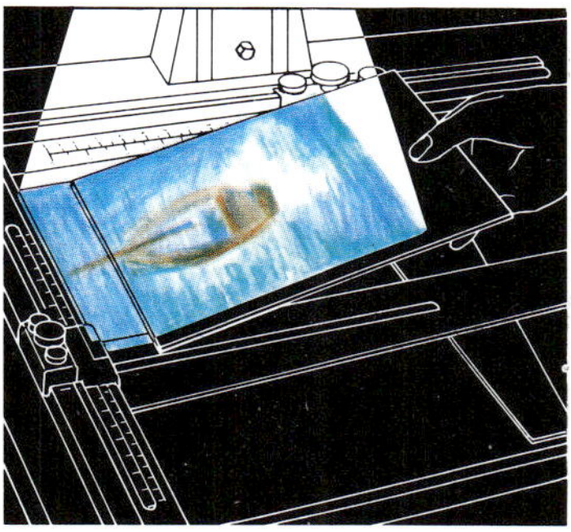

3. Efectúe una serie de exposiciones de prueba del mismo modo que para la reproducción de negativos en color (ver página 74-75). Para una copia de 18 × 24 cm. con un filtrado de partida de 45C 45M, efectúe las exposiciones de ensayo a intervalos de 2, 4, 8 y 16 segundos, con una abertura de f.8.

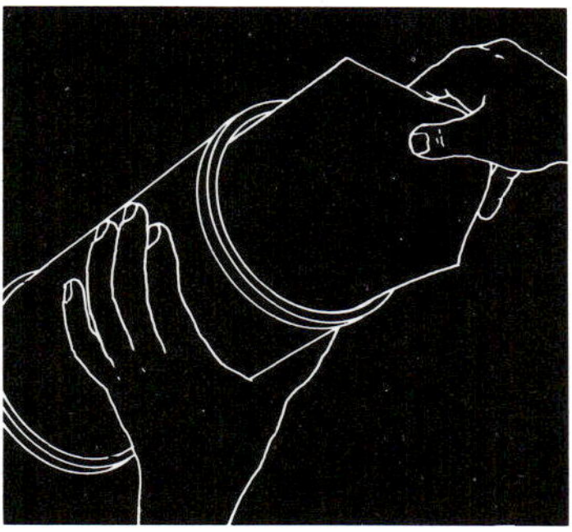

4. Después de exponer la copia de prueba, introdúzcala en el tambor de revelado y encienda las luces. Llene el tambor con agua caliente a la misma temperatura que el primer revelador. Durante el remojado previo compruebe la temperatura del primer revelador y corríjala si es necesario.

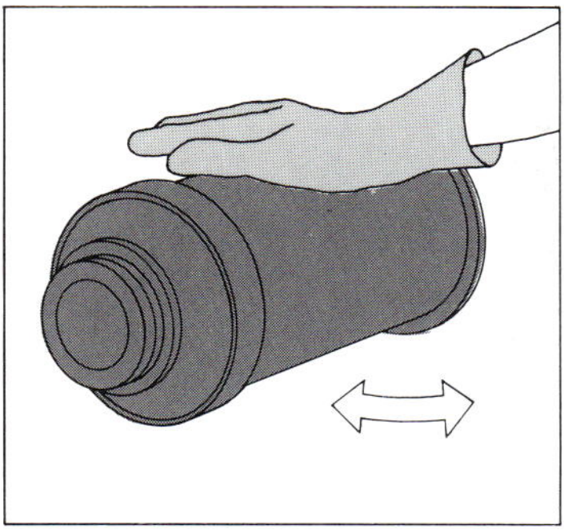

7. Agite durante el revelado del color haciendo rodar el tanque sobre la mesa o, preferiblemente, utilizando un agitador mecánico. Después del revelado lave rápidamente y vierta el blanqueador/fijador. Lave de nuevo, utilice un baño estabilizador y luego vuelva a lavar.

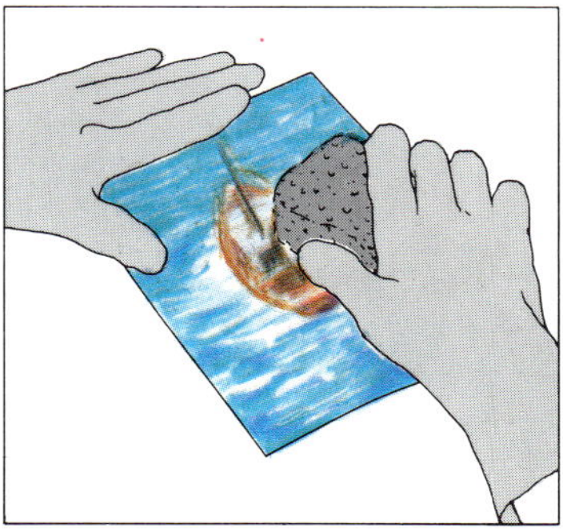

8. Elimine el exceso de agua y seque como en las copias de negativos. Seleccione la banda de exposición y efectúe un ensayo por cuadrantes ajustando el filtrado y la exposición. Repita la operación hasta conseguir un cuadrante perfecto. Realice la copia final.

IMPRESIÓN RÁPIDA

Si opina que los sistemas convencionales de reproducción del color son largos y complejos, ¿por qué no prueba uno de los sistemas rápidos introducidos hace pocos años? Estos sistemas —el Ektaflex PCT de Kodak y el Agfachrome Speed de Agfa— emplean tecnología de película instantánea que le permite obtener buenas copias de color, en pocos minutos y de forma sencilla.

Agfachrome-Speed
Este sistema funciona por transferencia de difusión, lo que significa que la imagen de color está formada por colorantes integrales que se difunden en la superficie de la copia durante el revelado. Está diseñado para obtener copias directamente a partir de diapositivas.

- **Realice ensayos de exposición y color** como con el papel habitual.

- **Exponga la parte suave (negra) del papel.** Si por error coloca la parte blanca hacia arriba, gire simplemente el papel y vuelva a empezar.

- **Revele en un tambor** con la cara blanca hacia adentro.

- **Sumerja la copia en el activador** durante 90 segundos, agitando los primeros 20.

- **Lave durante cinco minutos** y seque normalmente.

Kodak Ektaflex
La diapositiva (o negativo) se expone en película Photo Color Transfer (PCT) y se hace pasar por una impresora Ektaflex donde se desliza se comprime junto con el papel PCT para transferir la imagen.

- **Se necesita** una impresora Ektaflex, así como papel PCT y película PCT para diapositivas o negativos.

- **No se necesita** agua corriente: el revelado es «en seco».

▼Uno de los atractivos del Ektaflex es la posibilidad de combinar imágenes reproduciendo distintas diapositivas en el mismo papel PCT. El paracaidista fue superpuesto a una copia en la que aparecía el sol.

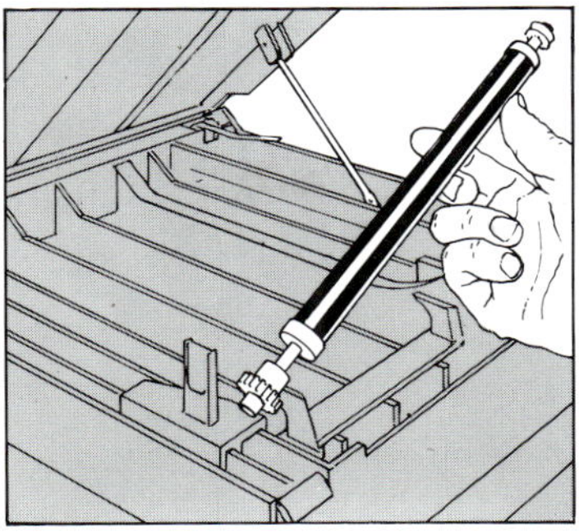

1. La impresora Ektaflex debe estar bien sujeta a la mesa para que funcione bien. Antes de cada sesión hay que lavarla y secarla a conciencia.

2. Vierta casi todo el activador, evitando las salpicaduras. El activador es muy cáustico, por lo que es mejor usar guantes de goma y ropa vieja.

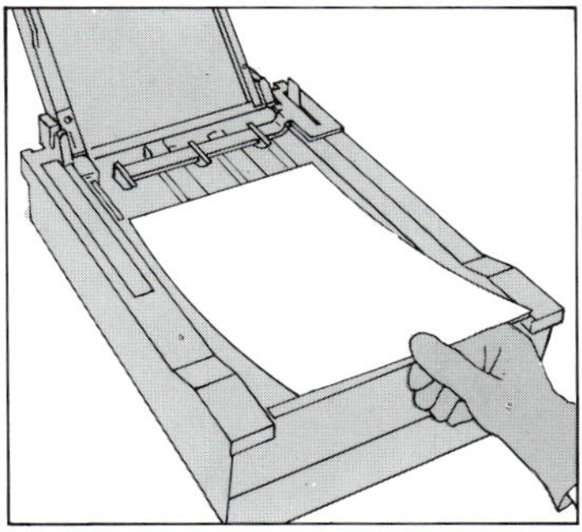

3. Cierre la tapa de la impresora y tome una hoja de papel PCT. Colóquela con la parte gris hacia arriba en el lugar adecuado para el papel. La muesca debe estar en el borde derecho superior.

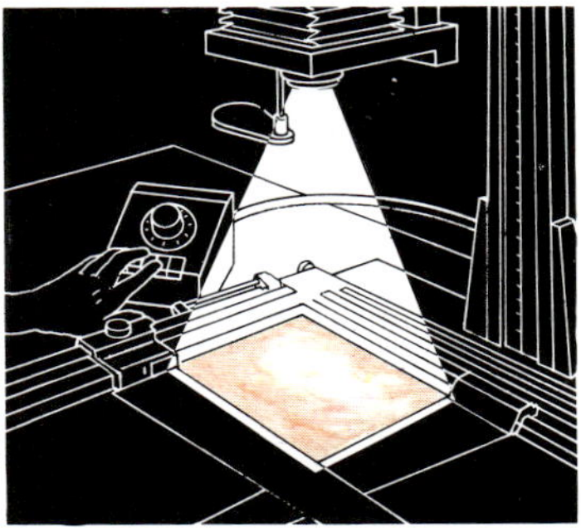

4. Bajo luz de seguridad Wratten 13 para negativos PCT (a oscuras en el caso de diapositivas) exponga una hoja de película PCT exactamente como si se tratara de una copia convencional.

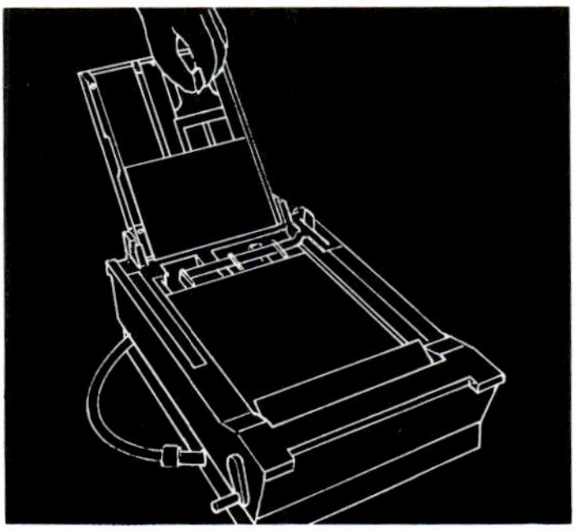

5. Siempre bajo la luz de seguridad, coloque la película PCT ya expuesta en la rampa correspondiente de la impresora. Baje la rampa y remoje la película durante 15 segundos.

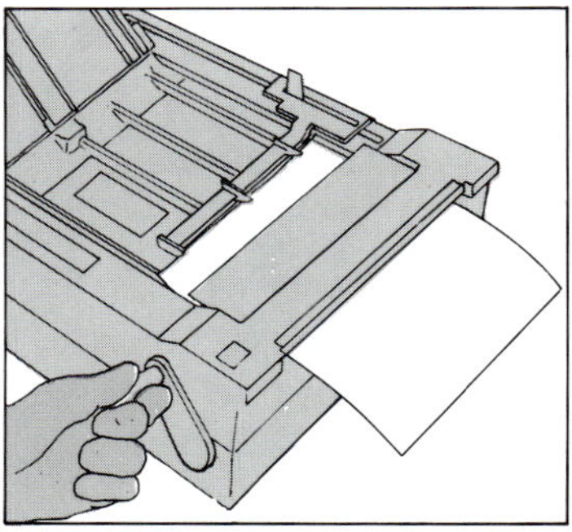

6. Gire la manivela número 4; al cabo de 20 segundos mueva conjuntamente las manivelas 5 y 6 para compaginar la película y el papel. Al cabo de unos diez minutos puede ya separarlos.

FOTOGRAMAS

Vd. puede hacer fotografías muy simples en el laboratorio, los denominados «fotogramas», sin ni tan siquiera emplear una cámara. Lo único que necesita es papel fotográfico, una fuente de luz —la ampliadora es ideal— y una selección de objetos para colocar en la trayectoria de la luz. Cuando se conecta la ampliadora, el papel queda expuesto en todas las zonas menos en la sombra creada por los objetos. De esta forma, el papel recoge una imagen negativa —una silueta invertida— del objeto. Aunque el principio es muy simple, pueden crearse efectos muy sutiles y delicados variando la posición de los objetos, el tipo de luz y el papel.

- **Busque formas interesantes:** puede emplear también objetos comunes, como tijeras, llaves y monedas. Es preferible que sean relativamente planos.
- **Utilice papel para blanco y negro** con los objetos opacos, o bien coloree fuertemente la fuente de luz.
- **Emplee cualquier material fotográfico** en el caso de objetos translúcidos.
- **Planifique la imagen a la luz del día.**
- **Sitúe la abertura** a f.11 y haga una prueba, empezando con una exposición de 10 segundos.
- **Revele normalmente,** valore el ensayo y haga un fotograma completo.
- **Intente colocar objetos traslúcidos** en el portanegativos.
- **Coloque objetos pequeños** en el portanegativos de su ampliadora para obtener fotogramas más sorprendentes.
- **Ponga una lámina** de vidrio o de acetato en el portanegativos.
- **Enfoque la ampliadora** dejando un alfiler sobre el vidrio.
- **Los objetos que no quepan** en el portanegativos pueden suspenderse en la caja del objetivo con algodón o cinta adhesiva transparente.

▼Este fotograma resultó muy sencillo: bastó con colocar ruedas dentadas, cinta perforada, resortes y otros objetos sobre un trozo de papel fotográfico bajo luz de seguridad, exponiéndolo luego bajo la ampliadora. Para obtener un fotograma algo más interesante y darle profundidad, efectúe la impresión en papel suave para retener los tonos grises medios, reservando y sombreando el fotograma durante la exposición.

◀Pág. 84: las técnicas del fotograma fueron aplicadas para crear un borde alrededor de una copia normal.

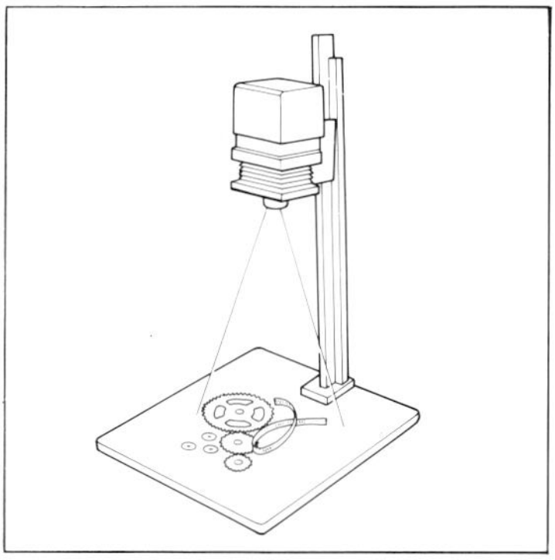

A TRAVÉS DE VIDRIO

Una de las formas más simples de aumentar el interés de las copias en blanco y negro es crear nuevas texturas durante el proceso de positivado. Casi cualquier material que permita el paso de la luz puede crear una trama característica en la imagen: puede imprimirse a través de papel de calco, un trozo de media o incluso cortinas de encaje. Estas fotografías fueron realizadas positivando a través de distintos vidrios.

- **Para suavizar una imagen,** coloque una lámina de vidrio difusor justo por encima o por debajo del objetivo de la ampliadora durante un cierto período de exposición.

- **Para crear tramas,** coloque una lámina de vidrio con textura en contacto con el negativo o el papel de impresión. Aplique la cara tramada del vidrio contra el papel.

- **Haga experimentos** con papel para copias de color y un vidrio pintado con acuarelas.

- **Unte un cristal con vaselina** para obtener un efecto rizado.

►El resultado de imprimir a través de un vidrio ondulado, como el que se emplea en las ventanas de los cuartos de baño, fue un efecto de pseudorreticulado (página anterior). Un vidrio granulado, similar al empleado en las pantallas de difusión o en las pantallas de enfoque de las cámaras de estudio, dio lugar a la imagen de la derecha. Un vidrio veteado, del tipo utilizado para reducir la luz direccional fuerte, originó el efecto de la foto inferior. La lámina de vidrio fue colocada siempre sobre el papel de copia antes de llevar a cabo la exposición. Aunque la impresión general tenía que ser bastante suave, decidí utilizar un tipo de papel más duro, de grado 5. Esto ayudó a realzar la textura del vidrio y crear un efecto que recuerda el de las tramas que utilizan los impresores.

ELIMINE TONOS

Empleando película lith es posible eliminar tonos de gris en las copias en blanco y negro. La película lith, un material especial que procede del campo de la imprenta, es fácil de utilizar, y cualquier persona que sea capaz de realizar buenas copias en blanco y negro no tendrá ningún problema a la hora de aplicar este material de alto contraste.

- **Utilice una luz de seguridad roja** mientras está trabajando con película lith. La película lith puede velarse con la luz ámbar.

- **Compre la película lith en láminas** o en rollos de 35 mm. El material de 35 mm es mucho más económico pero menos manejable que la película de 9 × 13 cm.

- **Utilice un revelador especial** como el Kodalith. Se presenta en forma de cristales secos en dos paquetes denominados «A» y «B». Diluya cada uno de ellos en agua para preparar las disoluciones. Manténgalas apartadas hasta el momento del revelado.

● **Use guantes de goma** para manipular los productos lith. Son muy cáusticos y puede originar dermatitis.

● **Prepare el revelador** mezclando partes iguales de las disoluciones A y B.

● **Utilice el revelador sin esperar demasiado** tiempo, ya que se deteriora con mucha rapidez. Si se vuelve amarillo hay que tirarlo.

● **Revele las hojas de película lith** en cubetas de revelado durante 2 3/4 minutos a 20 °C. Maneje la película con guantes de goma en lugar de pinzas para evitar las rayaduras.

● **Agite continuamente** durante los dos primeros minutos, luego deje reposar hasta el fin del revelado.

◄Para eliminar los tonos del original y crear este efecto bastante sorprendente impresioné el negativo sobre película lith bajo la ampliadora, retocando la imagen con un colorante opaco donde era necesario. Hice un negativo por contacto y luego una copia positiva de éste.

● **Exponga las hojas lith** como si se tratara de copias normales.

● **Confeccione una tira de prueba** para averiguar el tiempo de exposición, pero deje pasar pocos segundos para cada banda (2, 4, 6, 8, 10, 12 segundos), porque la película lith tiene una latitud de exposición muy reducida.

● **Para hacer una copia,** exponga el positivo lith en contacto con otra hoja lith para obtener el negativo y utilice éste para la impresión o bien...

● **... Imprima el positivo** para obtener una imagen negativa poco frecuente.

▼Hice este retrato muy contrastado del poeta Robert Graves a partir de una diapositiva en blanco y negro. Para eliminar los tonos intermedios, expuse la diapositiva en contacto con una tira de película lith de 35 mm en una impresora de copias por contacto. Después del revelado positivé el negativo lith del modo habitual.

SOLARIZACIÓN EN B/N

Un modo de transformar una fotografía ordinaria en una imagen mucho más atractiva es la solarización. La verdadera solarización es muy difícil de conseguir, pero es posible obtener resultados similares aplicando el efecto Sabattier. El proceso, que implica la exposición de la copia a la luz durante el revelado, es algo incierto, por lo que debe prepararse a una buena dosis de experimentación para obtener el efecto deseado.

- **Seleccione una imagen simple** y haga una copia normal en papel de grado 5 como referencia. Si la imagen es demasiado compleja, la copia resultante tenderá a ser confusa.

- **Haga una segunda copia,** pero en lugar de revelarla colóquela en un envoltorio estanco a la luz o en el sobre del papel.

- **Saque el negativo de la ampliadora.** Empleando únicamente la luz blanca de la ampliadora, haga una tira de ensayo (ver página 54). Revélela durante la mitad del tiempo que se necesitó para revelar totalmente la copia de referencia.

- **Anote el tiempo de exposición** que da un tono gris medio. Éste es el tiempo de velado para el efecto de Sabattier.

- **Cubra el tablero de la ampliadora** con una toalla y coloque encima un recipiente con agua.

- **Saque la hoja expuesta** del envoltorio y revélela durante un tiempo mitad al normal. Luego introdúzcala con cuidado dentro del recipiente con el agua, moviendo la superficie lo menos posible.

- **Espere a que las ondas del agua se hayan amortiguado.**

- **Vele la copia** conectando la ampliadora durante el tiempo establecido por la tira de prueba.

- **Complete el revelado** volviendo a revelar la copia otra vez la mitad del tiempo normal.

- **Fije y lave** la copia.

▲La película en blanco y negro puede también ser solarizada; para ello basta con imprimir por contacto sobre película lith, revelando durante la mitad del tiempo, velando con luz blanca y completando luego el revelado. Una segunda forma, solarizar una copia en blanco y negro alto contraste y luego volverla a exponer bajo luz blanca durante un segundo o dos, a mitad del revelado. No agitar.

▼La copia solarizada del modelo precisaba algún fondo de referencia. Primero elegí la escalinata, luego la imagen de los árboles, sobrexpuesta unas 100 veces, que monté sobre las escaleras. Finalmente añadí la imagen del pato para que hubiera un elemento en primer plano que centrara la atención del observador. La solarización de toda la imagen para que dé una línea más hubiera dado un resultado confuso.

SOLARIZACIÓN EN COLOR

El efecto Sabattier puede llegar a ser incluso más sorprendente en el caso del color. Los resultados son aún menos predecibles —recuerde que hay tres capas de emulsión en lugar de una— pero cuando sale bien, los colores parecen resplandecer y vibrar. Es posible solarizar directamente, pero el control es difícil y el riesgo de error muy elevado. Para conseguir una solarización más controlable utilice imágenes de transferencia solarizadas en blanco y negro.

- **Reproduzca el original** (color o blanco y negro) sobre película lith bajo la ampliadora; haga tiras de ensayo.
- **Use película lith pancromática** para registrar los rojos en un original de color; trabaje en total oscuridad.
- **Revele la película lith** pero interrumpa el proceso a la mitad.
- **Vele la película** con exposiciones diferentes en una tira de prueba.
- **Complete el revelado** Compruebe la mejor combinación de exposición ampliadora/velado. Emplee estos datos para conseguir una copia completa.
- **Obtenga la imagen por transferencia** de la copia lith mediante contacto sobre película en blanco y negro de tono continuo.
- **Imprima la imagen de transferencia** por sí misma, o bien conjuntamente con la original (copia de doble exposición) sobre papel fotográfico para color. Coloree la luz de exposición regulando el filtrado.

▲Para obtener la foto de la página contigua expuse la diapositiva original (arriba) sobre papel negativo de color (abajo), y luego obtuve la versión final velando a mitad del revelado con una bombilla cubierta por un filtro de color púrpura.

COMBINACIÓN DE IMÁGENES

La combinación de dos o más fotos es una forma de crear una imagen totalmente nueva. El sistema más sencillo es colorear dos negativos juntos en la ampliadora, pero también puede recurrir a una impresión múltiple, es decir, exponer dos o más negativos sucesivamente sobre la misma hoja de papel, lo que significa que puede reproducir la segunda imagen al tamaño que desee y en cualquier posición.

- **Planifique la imagen final** sobre el papel proyectando uno por uno los negativos y trazando los perfiles de los elementos que vaya a utilizar.

- **Sujete bien el papel de calco** para que pueda medir y enfocar cada negativo correctamente.

- **Haga una copia de ensayo** para cada uno de los negativos.

- **Sombree cada imagen** durante la exposición con máscaras y reservas de tamaños y formas adecuados a los elementos de la copia final.

- **Añada reflejos a la foto** imprimiendo primero la parte superior del negativo y enmascarando la inferior y luego girando el negativo 180° para enmascarar la parte ya expuesta de la copia.

- **Utilice dos ampliadoras** si le es posible, pasando el bastidor con las máscaras de una a la otra.

◄La zona de la playa fue enmascarada y la imagen se imprimió en la posición normal. A continuación se giró el negativo 180° y se desplazaron las máscaras para poder imprimir la muchacha y el mar.

▲El perfil de la casa y las gavillas fue dibujado sobre cartulina. La cartulina recortada se empleó para enmascarar primero el espacio ocupado por las gavillas y luego la zona sobre la que se había imprimido la casa.

MONTAJE EN BLANCO Y NEGRO

Pocas técnicas de laboratorio desarrollan la creatividad y proporcionan más diversión que el fotomontaje. Simplemente recortando partes de algunas copias y pegándolas sobre otra, puede crear la imagen que desee. El efecto puede ser curioso, divertido, realista, patético, como prefiera. Existen muchas formas de combinar copias, pero dos de ellas son las más habituales. Las junturas pueden aparecer claramente visibles, de forma que no exista ninguna duda de que se trata de un montaje, o bien pueden ocultarse de tal manera que la imagen parezca una única fotografía.

▲Esta curiosa imagen fue creada montando dos copias de forma que las junturas fueran invisibles. Después de imprimir la copia del parque como fondo dibujé la cabeza de gato e hice una copia en papel mate normal, del tamaño adecuado. Luego recorté un perfil aproximado para pasar luego a definir con gran cuidado la cabeza del gato antes de pegarla en su sitio.

▼Fotografié esta secuencia pensando ya en un futuro montaje. Las tomas sucesivas realizadas con motor de avance son apropiadas para ello.

● **Coloque un papel** sobre la copia que hará de fondo y dibuje los perfiles de los nuevos elementos.

● **Pase el dibujo** al tablero de la ampliadora como guía para las copias.

● **Equipare las características de impresión:** grado del papel, tiempo de exposición y perspectiva, si quiere que las junturas resulten invisibles.

● **Recorte un perfil aproximado,** dejando unos tres centímetros alrededor.

● **Señale el perfil exacto con una cuchilla.** Practique toda una serie de cortes transversales desde el perfil hasta el borde recortado.

● **Separe con cuidado** el perfil aproximado. Lije las fibras que estorban. Oscurezca los bordes con un lápiz de mina blanda.

● **Pegue la figura recortada** en su sitio sobre la copia que hace de fondo, presionando a partir del centro.

● **Retoque las posibles zonas débiles,** saque una fotografía del conjunto y vuelva a imprimir el montaje.

MONTAJE EN COLOR

El montaje en blanco y negro puede producir resultados fascinantes, pero la dimensión adicional del color le ofrece más posibilidades de crear imágenes extrañas e intrigantes. Las copias de color son bastante más caras que las de blanco y negro, por lo que conviene planificar cada imagen por adelantado cuidadosamente para reducir el despilfarro al mínimo.

● **Los papeles para copias de color** son todos actualmente del tipo RC, por lo que se requiere un cuidado adicional a la hora del montaje; para retocar las junturas se recomienda utilizar colorantes a base de agua.

● **Equilibre con cuidado los colores** aunque desee obtener un efecto extraño. Las pequeñas diferencias en la tonalidad del color dan lugar a efectos negativos. Emplee la misma remesa de papel para cada copia.

● **Mezcle color y blanco y negro** para centrar la atención en las zonas seleccionadas.

● **Utilice el sistema Ektaflex** si dispone de impresora, para realizar montajes fotográficos. Agrupe diferentes imágenes PCT en un solo papel PCT, dejándolo secar después de cada transferencia.

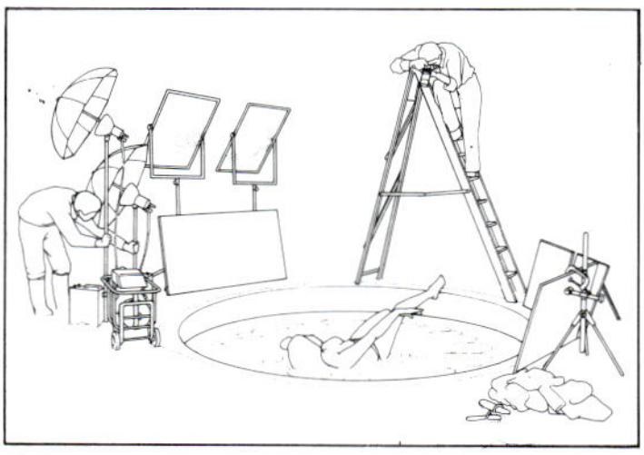

▲Para este montaje, que quiere dar la idea de una vida sana, se tomaron dos fotografías separadas: una muchacha en una piscina con agua teñida de color naranja y una botella.

◄Dos ideas para efectuar montajes surrealistas en color. En la foto del hombre sin cabeza se agrupan tres elementos: un sombrero suspendido de una cuerda, la cara del hombre detrás de las gafas y su cuerpo. El coche cierra la copia más clara del paisaje.

ESQUEMAS DE MONTAJE

El montaje implica normalmente la creación de una foto mediante la combinación de distintas imágenes. Uno de los atractivos de la fotografía es la forma en que se puede reproducir la misma imagen una y otra vez. Se puede explotar esta capacidad única, para crear composiciones sorprendentes mediante el montaje de imágenes repetidas. Es mejor reproducir por separado las imágenes individuales, pero si quiere que la composición sea simétrica y la idea de hacer 150 copias le desanima, pruebe el sistema abreviado sugerido a continuación.

- **Planifique de antemano el esquema** con papel milimetrado.
- **Utilice papel de grado 5;** aumente el contraste: con papel suave, la composición puede no resultar llamativa.
- **Cree una impresión de perspectiva** cortando más y más en cada copia sucesiva.
- **Las imágenes distintas deben ser más claras** y menos contrastadas en las composiciones con perspectiva, como el caso inferior.
- **Una forma rápida y corta** de obtener imágenes para composiciones simétricas consiste en imprimir unas cuantas imágenes pequeñas, montarlas, reproducir el montaje y hacer todas las copias que precise de la reproducción.

▲Para conseguir esta curiosa avenida realicé una serie de copias de la cabeza de la chica, algunas invertidas, otras no, y las monté sobre un tablero. Las líneas fueron trazadas con tinta.

▼Este friso se consiguió imprimiendo la misma foto cuatro veces y montando luego conjuntamente las copias. Al reducir cada vez más la anchura se obtuvo la idea de superposición.

▲Para esta sala de espejos utilicé ocho copias del coche de tamaño decreciente (la más pequeña, algo más pálida). La imagen fue planificada con gran exactitud para asegurar unas líneas de perspectiva rectas.

▼Para este retrato múltiple se utilizaron 121 copias individuales de la imagen original en papel de grado 5; fueron pegadas laboriosamente sobre un tablero y finalmente se fotografió el resultado.

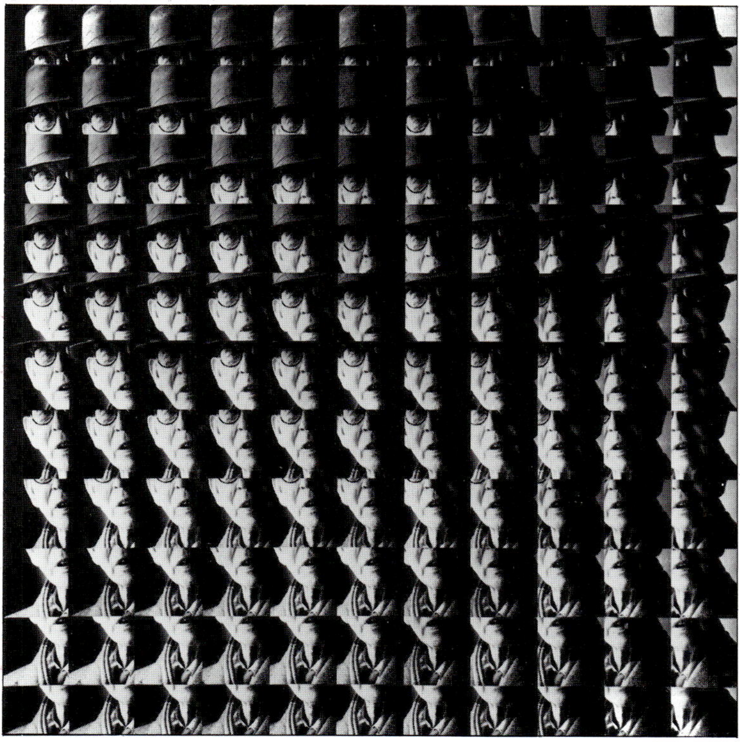

COMBINE DISTINTAS TÉCNICAS

Combinando algunas de las técnicas señaladas en las páginas anteriores pueden crearse imágenes muy originales o fotos que recuerdan la desenvuelta fantasía de mundo de la publicidad. Las técnicas de montaje y de utilización del aerógrafo se complementan muy bien, ya que el chorro suave del aerógrafo ayuda a transformar paulatinamente los elementos más disonantes en una foto coherente y llena de color.

- **Planifique las imágenes** con todo cuidado. Los materiales son caros, todo derroche tiene su precio.

- **Trabaje en el máximo tamaño posible.** Es más sencillo trabajar sobre copias de gran tamaño, especialmente en los detalles pequeños. Los errores y manchas pueden disimularse fácilmente, y serán casi imperceptibles en la copia final.

- **Mantenga la iluminación «realista»** aunque pretenda conseguir un efecto dramático. Si la iluminación parece imposible se pierde todo el efecto.

- **Tenga fotografías de reserva** que incluyan atardeceres atractivos, cielos impresionantes, aspectos de la Luna y otros temas que puedan resultar útiles en los montajes.

- **Construya la imagen por etapas.** Empiece imprimiendo una copia del fondo. Coloque los elementos en su sitio. Luego, con la ayuda de máscaras, practique un buen acabado con el aerógrafo.

- **Los cielos se oscurecen.** Téngalo en cuenta al aplicar el aerógrafo.

- **Utilice el aerógrafo con moderación.**

- **Fotografíe el montaje** completo y obtenga una copia directa. Guarde el original en un lugar seguro. La copia evita que el original, muy delicado, se estropee, y también ayuda a disimular las trazas de los arreglos.

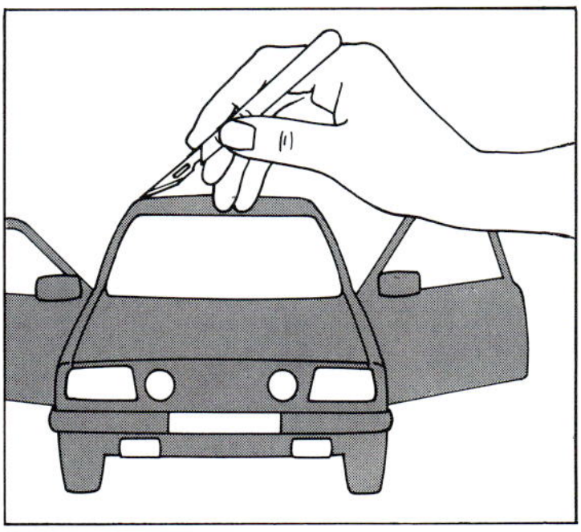

►Para la foto del coche volador empleé tres elementos pictóricos: una fotografía del coche con iluminación de estudio, un paisaje que incluía la mitad de un arco iris y que fue luego impresionada en forma directa e inversa para obtener un arco iris completo, y una «estela de vapor», que se añadió con un aerógrafo.

94W

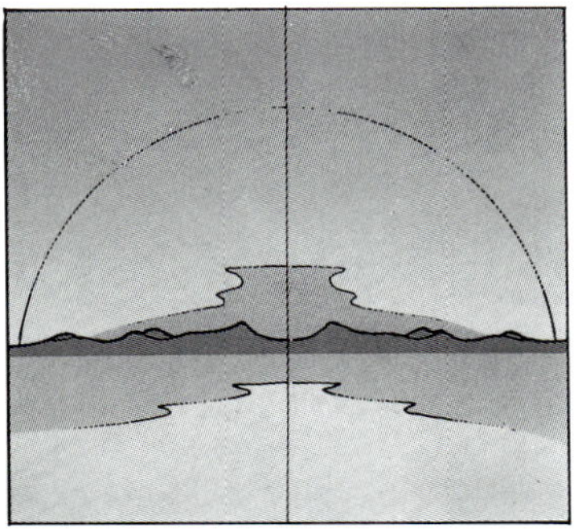

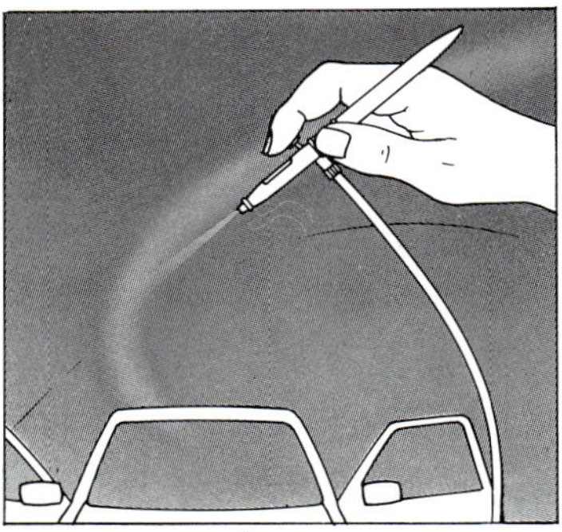

RETOQUE SUS COPIAS

El retocado es una de las técnicas de laboratorio más importantes. Gracias a él puede recuperar copias estropeadas por rayaduras, motas de polvo en el negativo, manchas o incluso detalles no deseados. También puede mejorar considerablemente la imagen incrementando algunos tonos y reduciendo otros. Sin embargo, el retocado no puede sustituir nunca el cuidado y la destreza necesarios para una impresión perfecta, y lo más importante es obtener siempre copias de la mejor calidad posible. Pero con un poco de práctica podrá llegar a oscurecer o aclarar cualquier parte de la imagen para obtener así una copia digna de ser enmarcada o exhibida.

● **El retocado es más fácil** sobre papeles de fibra que en papeles RC.

● **No manosee la copia.** Mientras trabaje, protéjala con un papel.

● **Introduzca la copia en agua,** a la que se habrá añadido algunas gotas de humectante antes del blanqueado.

● **Coloque la copia** horizontalmente sobre una superficie impermeable.

● **Aclare las zonas oscuras demasiado extensas** con un algodón empapado en rebajador de Farmer. Lave después la copia por completo.

● **Los errores se limpian** con una esponja húmeda, o bien lavando toda la copia.

● **Aclare las zonas pequeñas** con un lápiz de fibra de vidrio o un pincel pequeño empapado en el rebajador.

● **Elimine las manchas oscuras y pequeñas** rascándolas con una cuchilla o un bisturí (ver abajo izquierda).

● **Rellene las manchas blancas** sobre la copia ya seca con un lápiz de grafito o con un pincel fino cargado con acuarela o colorantes fotográficos. Vaya aumentando el color hasta alcanzar la densidad correcta.

▲Las copias antiguas pueden recuperar de nuevo el buen estado con un poco de habilidad y práctica. No retoque el original, haga primero una copia. Esta precaución le concede un margen de error más amplio, y también tiene la ventaja de que permite eliminar las manchas amarillentas fotografiando la copia a través de un filtro azul. La foto superior estaba rota en dos partes cuando la encontré, por lo que monté ambas partes sobre una cartulina y la fotografié en la ampliadora (pág. 114).

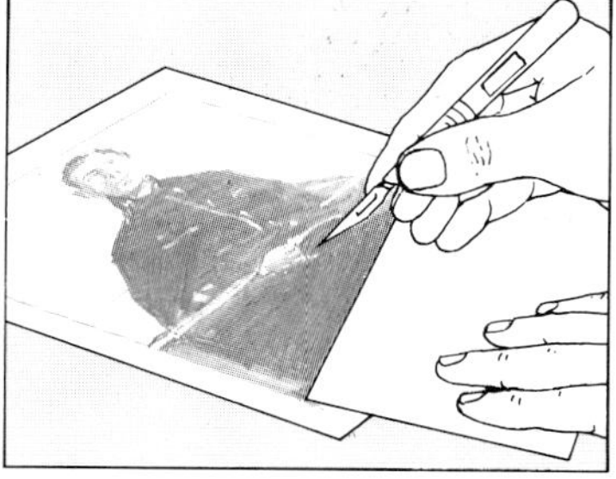

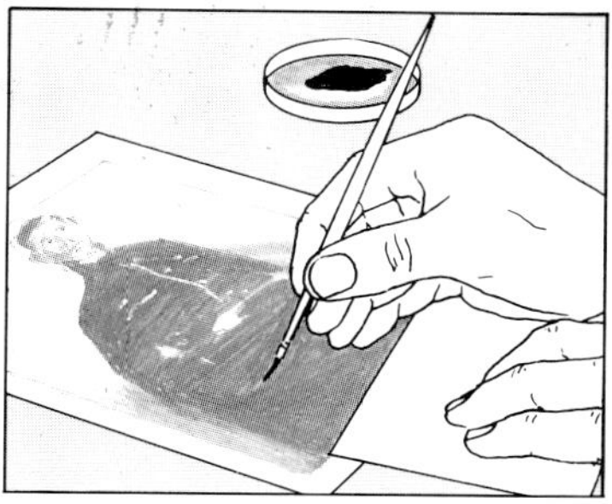

▲A partir del negativo tomado sobre el original roto hice una copia sobre papel de fibra y trabajé con ella. Aunque la copia final iba a ser bastante pequeña, realicé la copia de trabajo en papel de 18 × 24 cm, de forma que los errores se vieran reducidos en la copia final. Las rayaduras finas fueron disimuladas con un pincel pequeño y colores de acuarela. La rotura central fue cubierta con un aerógrafo (ver página 108-109). El fondo estaba aún manchado, por lo que mojé la zona y apliqué un algodón empapado en rebajador de Farmer para limpiarla. Volví a fotografiar la copia retocada para conseguir la copia final. Este tipo de restauración merece la pena si desea recopilar un álbum histórico. Los negativos de muchas fotos antiguas se han perdido, y sólo disponemos de copias estropeadas o rotas. Estas operaciones nos permiten conservar los días pasados para las generaciones futuras.

COLOREE A MANO

Colorear a mano las copias en blanco y negro es una de las técnicas de laboratorio más sencillas y económicas. Con ella podemos obtener tonos pastel inigualables, y el grado de control sobre el color es máximo, si posee la habilidad necesaria puede infundir un halo de vida a una copia gris, iluminar diferentes partes de la foto o incluso crear una imagen completamente nueva.

▲Para tener éxito en esta operación necesitará barniz plástico para máscaras; colorantes; tintas y pintura en tubos; una esponja pequeña; una paleta para las mezclas; alcohol para los óleos; una lupa; tijeras; cuchillas; pinceles de varios tamaños; algodón; trozos de papel secante.

● **Haga la copia** sobre papel de fibra en lugar de utilizar papel RC. El papel RC no absorbe bien los colores, ni siquiera los de acuarela. Utilice papel mate en lugar de brillante. Las zonas de color grandes pueden formar manchas sobre el papel brillante.

● **Subexponga** la copia ligeramente y subrevélela, utilice papel suave: las mejores copias son las claras y de poco contraste, puesto que los tonos oscuros tienden a exagerar el color.

● **Haga copias en color sepia** para obtener resultados más cálidos después de colorear. También puede utilizar papel clorobromuro.

● **Emplee el tipo de colorante** que desee: acuarelas, tintes, óleos, rotuladores, lápices de colores o incluso colorantes de cocina. Los óleos dan un aspecto más profesional.

● **Utilice tintes fotográficos** para sus primeros experimentos. La reproducción del color es idéntica en película a como se ve en la realidad.

● **Para obtener colores brillantes y vivos** utilice colorantes para retocado a base de agua.

● **Empape bien la copia en agua** antes de aplicar colorantes a base de agua. Elimine el agua sobrante con una escobilla escurridora. Sujete bien la copia con cinta adhesiva sobre la superficie de secado.

● **Diluya los colorantes** en agua para obtener tonos muy pálidos.

● **Las zonas más extensas** se colorean con un pincel más grande o con una bola de algodón.

● **Trabaje con rapidez** para que las zonas grandes no queden a medio colorear cuando se seque la copia.

● **Tenga a mano papel secante** para absorber los colores corridos.

● **Delimite las zonas de color adyacente** con disolución de caucho para máscaras.

● **Utilice pinceles más finos** y colores menos diluidos para retocar los detalles sobre la copia ya seca.

▲Los colores al agua fueron los elegidos para colorear esta copia compuesta. Una vez coloreada cada zona, se delimitó con disolución de caucho antes de aplicar el color a la contigua.

▼Colorear a mano es una técnica particularmente eficaz para crear un ambiente histórico determinado. En este caso, las acuarelas han potenciado la impresión de antigüedad del carro y el lechero.

UTILICE EL AERÓGRAFO

El aerógrafo es un instrumento de difícil manejo, pero, una vez dominado, permite realizar cambios drásticos en las copias, y da a los montajes un aire profesional. Con ayuda del aerógrafo puede eliminar fondos no deseados, añadir color en ciertas zonas, retocar las junturas o roturas en los montajes o incluso crear una imagen completamente nueva. Un aerógrafo es básicamente una pistola de aire comprimido que permite la salida controlada de pintura en forma de chorro fino y pulverizado. Algunos van accionados por un compresor, otros son simplemente un envase de aerosol.

- **Cargue el depósito** del aerógrafo con un pincel de cerdas. Utilice pintura sin partículas sólidas, como gouache.

- **Ajuste la presión del aire** según el tipo de pintura.

- **Sostenga el aerógrafo** como si fuera un lápiz, formando un ángulo de 45°. Mantenga el dedo índice sobre el botón de control.

- **Empiece a pulverizar** apretando primero el botón para iniciar el flujo de aire y retirándolo luego para dejar salir el color.

- **Controle el pulverizador** equilibrando el aire y el flujo de color.

- **Practique primero sobre papel** y luego sobre una copia vieja.

- **Pulverice en pasadas horizontales** en una sola dirección, parando el color al final de cada pasada.

- **Cubra la foto con máscaras;** no existe otra forma de controlar los espacios que llenará el color.

- **Elimine el color indeseado** de una copia de color pulverizándola con pintura blanca y aplicando encima el color preciso.

- **Proteja** las copias que han sido pulverizadas, muy delicadas, volviéndolas a fotografiar (pág. 114).

▲En la transparencia original del caballo en 35 mm, la nieve circundante aparecía muy pisada y poco atractiva. Hice un negativo en color de 18 × 24 cm y cubrí toda la zona de la nieve con pintura negra. Sobre el positivo del mismo tamaño apliqué el aerógrafo a la nieve ya blanca.

►La copia final resalta la forma del caballo y nos plantea un pequeño enigma: ¿cómo llegó el animal hasta ahí si no hay huellas sobre la nieve que lo rodea?

►Para eliminar el detalle de una zona grande y compleja de la copia es necesario emplear una máscara adhesiva. Coloque la película para la máscara sobre toda la copia y su montura. Con una cuchilla nueva bien afilada vaya cortando la máscara alrededor de la zona que desee pulverizar. Tenga cuidado de no cortar también la copia. Cuando corte alrededor de las zonas oscuras, desvíese un poco hacia la parte oscura del límite para evitar la formación del efecto «halo». Una vez recortada la zona que desea teñir, levante con cuidado la película adhesiva. Ya puede empezar a pulverizar. Comience aplicando uniformemente un color que armonice con las zonas circundantes. Vaya añadiendo el color en pasadas suaves, superponiendo media pasada cada vez. No abuse del color. En caso de duda, pulverice una capa muy delgada, espere a que esté seca y vuelva a pasar sobre la misma zona. Cuando haya conseguido un tono uniforme, puede empezar a añadir detalles si éste es su deseo. En el caso de los cielos, por ejemplo, puede añadir nubes blancas y esponjosas.

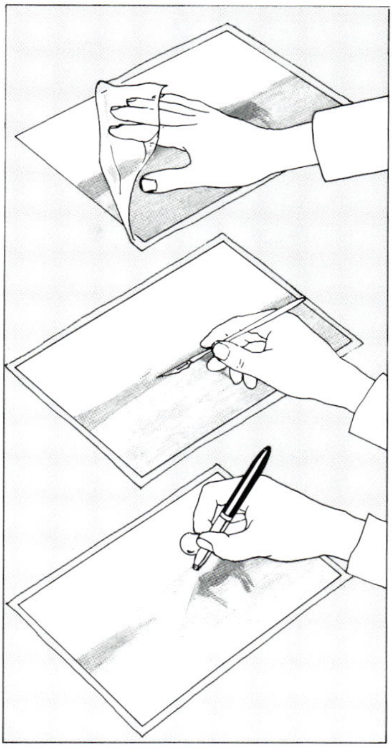

VIRADO DE COPIAS EN B/N

Existen sustancias especiales que permiten añadir color o ambientación a las copias en blanco y negro. El color más utilizado es el sepia, que proporciona a las copias un aire de antigüedad; los virados en azul dan la sensación de frío invernal; de esta forma puede aplicar diversos colores para obtener copias polícromas, los colores pueden ser tan naturales o artificiales como se desee. La mayor parte de viradores (toners) se compran en paquetes ya listos para su uso.

Virado en sepia
Da la copia un color pardusco muy interesante; el virado implica la conversión de la plata metálica en sulfuro de plata, más estable y permanente.

● **Asegúrese** de que la habitación está bien ventilada: la disolución de virado huele a huevos podridos y es muy tóxica.

● **Emplee papeles de fibra** si va a aplicar un virado en sepia. Este proceso suaviza el contraste y pone de manifiesto los detalles de las sombras, por lo que es preciso ajustar primero la impresión adecuadamente.

● **Sumerja en agua las copias** secas durante media hora, antes de aplicar el color.

● **Sumerja la copia** en una disolución de blanqueado formada por ferricianuro potásico y bromuro potásico hasta que toda la plata metálica negra de la imagen se haya transformado en bromuro de plata, de color amarillo pálido.

● **Lave la copia** durante unos cinco minutos hasta que todas las trazas de amarillo hayan desaparecido.

● **Sumerja la copia** en la disolución de virado a base de sulfuro sódico, moviendo continuamente la cubeta hasta que no se observe cambio alguno de color.

● **Lave la copia** durante diez minutos en agua corriente.

● **Tire** la disolución de virado.

Virado en azul
Convierte la plata metálica en una sal de ferrocianuro y, proporciona un oscuro tono azulado a la copia.

● **Utilice papeles con capa de resina.**

● **Subexponga la copia** un punto para que el virador pueda devolverle la intensidad normal.

● **Prepare el baño de virado** a partir de dos disoluciones base. Mézclelas en estado puro antes de su uso.

● **Lave previamente** la copia durante una hora.

● **Un aclarador** de hiposulfito asegura la limpieza de la copia.

● **Sumerja la copia** en la disolución de virado y agite la cubeta hasta conseguirse el tono deseado.

● **Lave la copia** durante tres o cuatro minutos.

▲Esta fotografía se realizó blanqueando una copia en blanco y negro y luego volviéndola a oscurecer con un virador azul. Este tipo de virado acostumbra a oscurecer e intensificar la copia, por lo que la copia original fue subexpuesta y subrevelada.

Virado por acopladores de colorantes
Esta técnica explota la química del color aplicada a las copias en blanco y negro. Implica el blanqueado de la imagen de plata de la copia hasta obtener los haluros de plata originales para luego volver a revelar con reveladores de color. Se añaden acopladores del color especiales que «acoplan» los colorantes a la plata para que se combinen.

● **Empape bien la copia en agua.**

● **Blanquee** de manera estándar, luego lave durante diez minutos.

● **Prepare el revelador de color** y añada el acoplador elegido.

● **Revele inmediatamente** la copia hasta que el color sea el adecuado.

● **Aclare bien.**

● **Estabilice brevemente** la copia.

▼Una mezcla de acopladores de color cian y amarillo consiguieron producir el efecto irisado en la copia inferior. El segundo baño de blanqueado/fijado, que elimina la plata y deja tan sólo el colorante, fue omitido para tener una imagen más completa.

OTROS SOPORTES FOTOGRÁFICOS

Con la ayuda de emulsiones líquidas es posible imprimir las copias sobre casi cualquier superficie que elija. Puede imprimir sobre placas, bloques de madera, piedras, huevos... La emulsión líquida se presenta comercialmente en forma de juego de productos, o bien como el producto ya preparado Liquid Light; se aplica simplemente sobre la superficie y bajo la luz de seguridad exponiéndose y revelándose en forma normal.

- **Elija una imagen** adecuada a la superficie. Una foto de una gallina sobre la cáscara de un huevo, etc.

- **Analice la superficie** del objeto sobre la que desee imprimir. Algunas superficies precisan una preparación previa antes de poderlas recubrir con la emulsión.

- **Prepare las superficies no porosas,** como vidrio y cerámica barnizada, limpiándolas concienzudamente con sosa caliente.

- **Sobre vidrio y cerámica barnizada** aplique una capa de disolución acuosa de gelatina al 5 por ciento, calentando la gelatina en un recipiente con agua caliente hasta obtener una disolución homogénea.

- **Prepare la tela y el papel** lavando bien para eliminar las posibles trazas de productos químicos.

- **Recubra el dorso del papel** con una disolución de gelatina al cinco por ciento para evitar que se curve.

- **Impermeabilice las superficies** de la madera, arcilla y otros materiales porosos con un barniz de poliuretano para evitar que la emulsión se empape de forma poco uniforme.

- **Cubra las superficies** que puedan reaccionar con la emulsión con una capa de barniz de poliuretano. Entre ellas se encuentran las superficies metálicas de latón o hierro.

◄A primera vista, la impresión sobre superficies grandes, como esta puerta tipo persiana, podría parecer una tarea muy engorrosa. No obstante, la operación resultó bastante fácil, puesto que pude sacar la puerta de los goznes y llevarla al laboratorio para efectuar la impresión. No fue necesario aplicar preparación alguna sobre la superficie, al margen de una buena limpieza, ya que la pintura es una perfecta capa protectora. Incliné el cabezal de la ampliadora para conseguir una imagen lo suficientemente grande y enfoqué sobre un trozo de papel viejo para copias adherido a la puerta. Luego cubrí unas tiras de madera pintadas de forma similar a la puerta con la emulsión líquida, bajo la luz de seguridad, y llevé a cabo algunas exposiciones de ensayo. Una vez establecido el tiempo correcto de exposición, sensibilicé la puerta con la emulsión líquida; para ello llené un aerosol doméstico de jardinería con la emulsión y pulvericé la superficie. Luego llevé a cabo la exposición y revelé la imagen frotando con una esponja empapada con los productos químicos necesarios para cada estadio.

◄Empleando emulsiones líquidas puede decorar platos con su estilo personal. La impresión sobre un plato puede ser tan fácil como una copia normal en blanco y negro, puesto que la superficie es plana y muchos platos pueden introducirse en las cubetas de revelado como si se tratara de un papel normal. Al igual que en el caso de la cerámica, la superficie debe prepararse con una disolución de gelatina al cinco por ciento antes de aplicar la emulsión líquida.

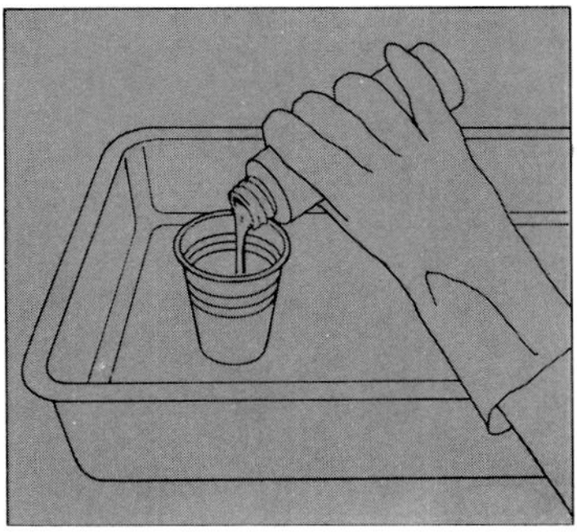

1. Funda la emulsión colocando el frasco en un baño de agua caliente; no lo caliente directamente sobre la fuente de calor. Tiene que calcular aproximadamente la cantidad necesaria para cubrir el plato. No vierta una cantidad excesiva, ya que la emulsión es cara y puede velarse.

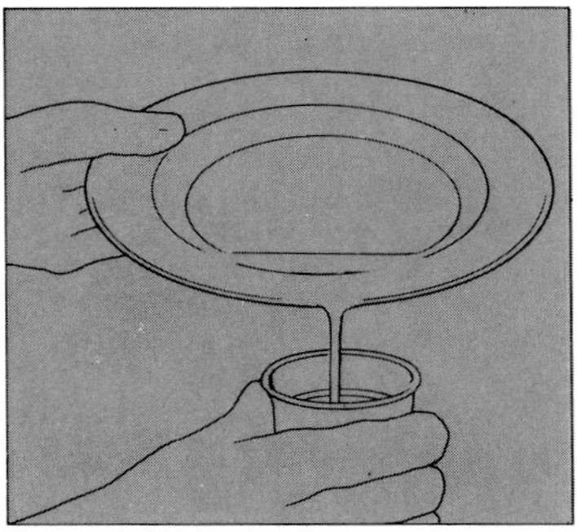

2. Vierta la emulsión sobre el plato previamente calentado. Use guantes de goma. Coloque la mano en la parte inferior de plato para evitar las marcas del pulgar y vaya girando la emulsión para obtener un recubrimiento regular. Trabaje con rapidez para evitar que la emulsión se coagule.

3. La emulsión líquida es fácil de eliminar por simple lavado en agua caliente y frotando ligeramente, por lo que es posible llevar a cabo varias exposiciones de prueba sobre el plato. Una vez conocida la exposición correcta, lave, vuelva a recubrir el plato y haga ya la copia definitiva.

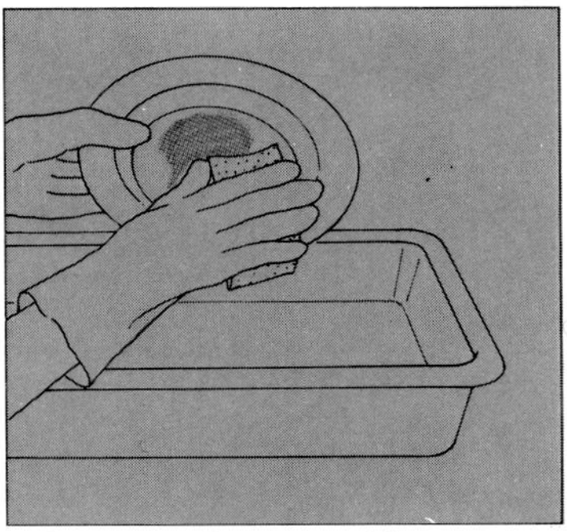

4. Revele el plato como si fuera una copia en papel. Deberá alargar el tiempo de fijado empleando un fijador/endurecedor ácido. La emulsión permanece blanda hasta que se seca por completo. Lave delicadamente con agua tibia. Deje secar y barnice con poliuretano.

REPRODUCCIÓN DE COPIAS

La ampliadora puede servir de máquina copiadora muy versátil y de alta calidad y merece la pena aprender su manejo como reproductora. Las ampliadoras pueden utilizarse en tres sistemas principales de reproducción, aunque no todos los aparatos son igualmente adecuados para cada una de ellas. En primer lugar, y como función más importante la ampliadora puede usarse para copiar negativos y diapositivas sobre película en láminas, más o menos en la forma como se obtienen las copias en papel. En segundo lugar, puede ser aprovechada como cámara copiadora para fotografiar originales planos, como los montajes definitivos. Finalmente, puede emplearse en combinación con la cámara fotográfica para realizar duplicados de diapositivas de gran calidad.

Reproducción sobre película plana

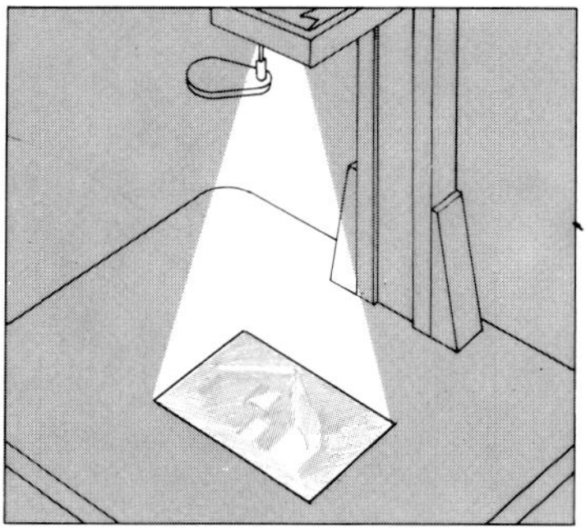

1. Coloque la diapositiva o negativo que quiera reproducir en el portanegativos de la ampliadora y componga y enfoque la imagen como si se tratara de una impresión normal (página 52). El encuadre depende del tamaño de la hoja de película.

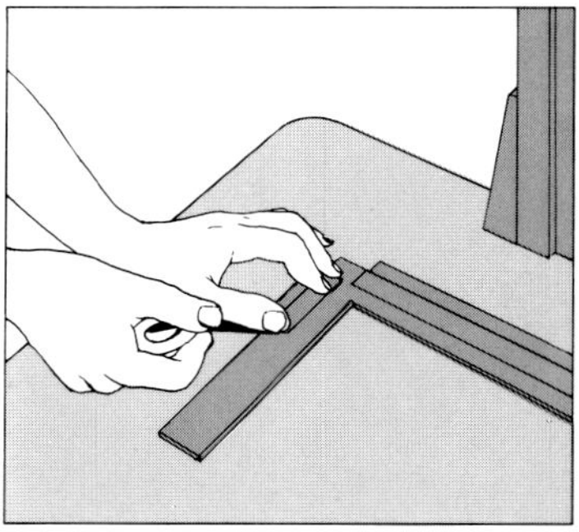

2. Marque el borde de la imagen en el tablero de la ampliadora —el bastidor puede ser difícil de manejar— y luego enganche tiras de cartón negro para que haga de tope y permitan la colocación de la película en la oscuridad más completa.

Reproducción de objetos planos

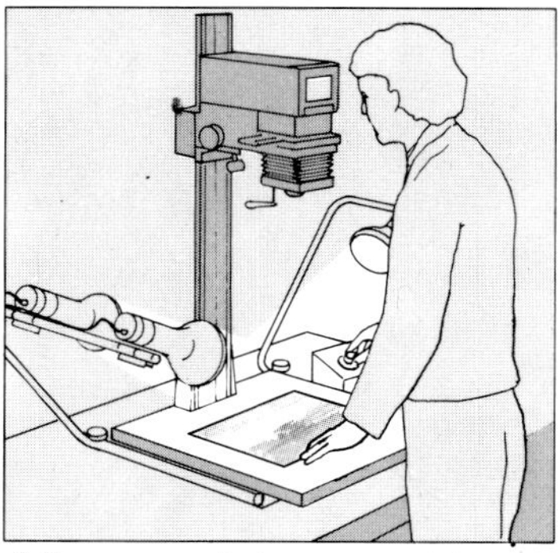

▲Algunas ampliadoras, especialmente diseñadas, poseen una pantalla de enfoque réflex, un portapelículas que permite la colocación de película de 35 mm en un envase estanco a la luz, y un bastidor de reproducción equipado con luces.

- **Utilice la pantalla de enfoque** si su ampliadora dispone de una. Si no...
- **Enfoque** el negativo sobre el tablero, al mismo tamaño de la imagen que desea copiar.
- **Utilice el portapelículas.** Si su ampliadora no dispone de uno...
- **Coloque la hoja de película,** en el portanegativos, en ausencia total de luz. Selle el soporte con cinta adhesiva.
- **Ilumine la imagen** con luces de reproducción adecuada. En caso contrario...
- **Ilumine la imagen** moviendo una lámpara, inclinada 45° por encima de la imagen durante la exposición.
- **Haga ensayos de exposición**

● **Utilice las máscaras** en el portanegativos para reducir el posible velo óptico. Este punto es más importante en trabajos de reproducción que durante la impresión directa.

● **Emplee papel negro** bajo la película durante la exposición si el tablero de su ampliadora es blanco. Los reflejos pueden producir halos.

● **No toque la película** más de lo estrictamente necesario.

● **Asegúrese de que la emulsión** está en la parte superior cuando coloca la hoja de película bajo la ampliadora.

● **Pegue los topes de cartón** con cinta adhesiva para que la película no se deslice por debajo de ellos.

● **Las reproducciones en película de color** se hacen exactamente de la misma manera, pero es necesario trabajar en la oscuridad más total y tomar muchas más precauciones.

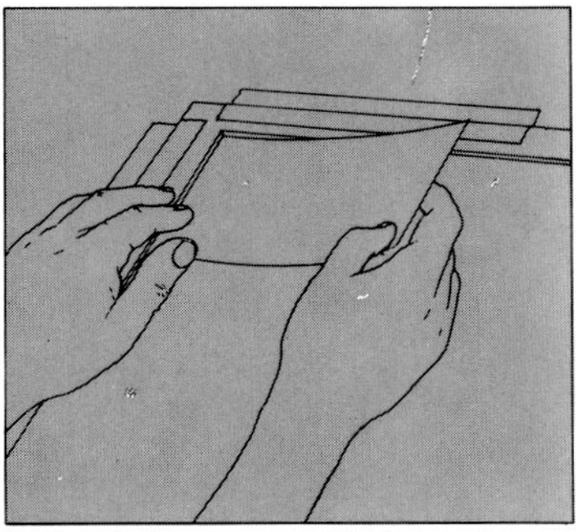

3. Bajo la luz de seguridad si está utilizando película ortocromática, o en ausencia total de luz si la película es pancromática y está reproduciendo originales de color, coloque la hoja de película contra los topes con la muesca inferior hacia la izquierda.

4. Realice una serie de exposiciones de prueba exactamente del mismo modo que en el caso de las copias en blanco y negro. Halle el tiempo correcto de exposición y repita el proceso para obtener la reproducción entera.

Duplicado de diapositivas

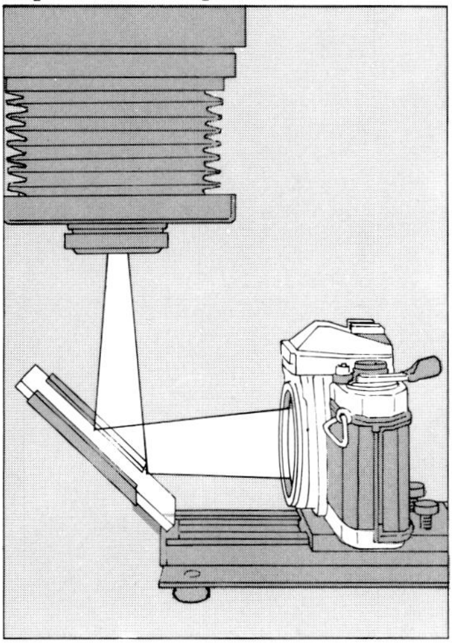

● **La forma más sencilla** de duplicar diapositivas con una ampliadora consiste en tomar el objetivo de una cámara réflex de 35 mm y colocar el cuerpo bajo la ampliadora. La diapositiva se proyecta directamente en la abertura de la cámara. Por desgracia, como no se puede usar el visor de la cámara, es bastante difícil llegar a componer la imagen.

● **Una disposición más adecuada** se consigue colocando un espejo a 45° bajo la lente para que pueda reflejar la imagen en el interior de la cámara. Existen soportes especialmente diseñados para el caso que disponen de sujeciones firmes para la cámara.

● **Controle el color** de la luz mediante filtros, o bien ajustando el cabezal de la ampliadora.

SISTEMAS DE REGISTRO

Muchas técnicas de laboratorio implican la separación de la imagen en varios elementos: selección de tono, selección de color, máscaras para contraste y muchos otros. Estos elementos se reúnen de nuevo para la copia final. Si desea que la imagen quede bien definida, los elementos deben estar perfectamente alineados. Es fácil identificar el «registro» a simple vista si la luz es buena, pero en la oscuridad es imposible.

● **La mejor forma** de señalización son los orificios perforados. Ello implica practicar dos o más agujeros cerca del borde en cada lámina de película o papel, exactamente en el mismo lugar. Las imágenes se superponen perfectamente al introducir los orificios en las clavijas correspondientes.

● **Las distintas separaciones** de un negativo realizadas en la ampliadora sobre la película en láminas se registran perforando orificios en cada hoja antes de la exposición. Fije un juego de clavijas sobre el tablero de la ampliadora donde introducir la película.

● **Durante una secuencia de reproducción compleja** conviene tener las copias de contacto bien alineadas, mediante una impresora de contacto equipada con clavijas de registro. Practique siempre los agujeros necesarios en cada nueva hoja de película o papel.

● **El sistema de registro más económico** se sirve de las perforadoras de oficina de buena calidad, sujetas a un tablero de madera. Puede fabricar las clavijas de registro con tarugos de madera, que se sujetan a un listón que se usará bajo la ampliadora o bien en la impresora.

● **Los sistemas de perforado especiales para fotografía,** como el presentado por Kodak, aseguran una precisión superior.

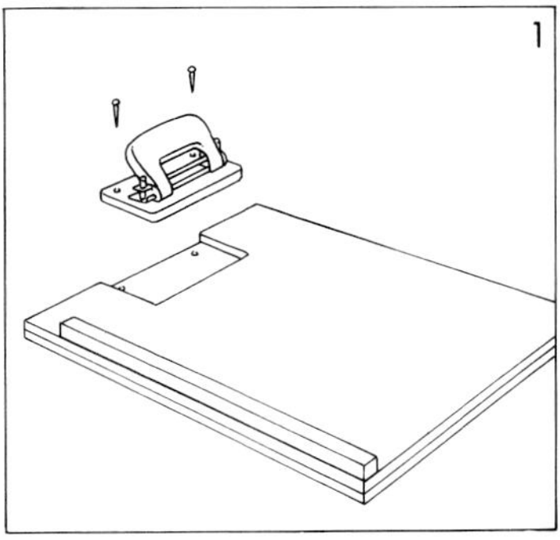

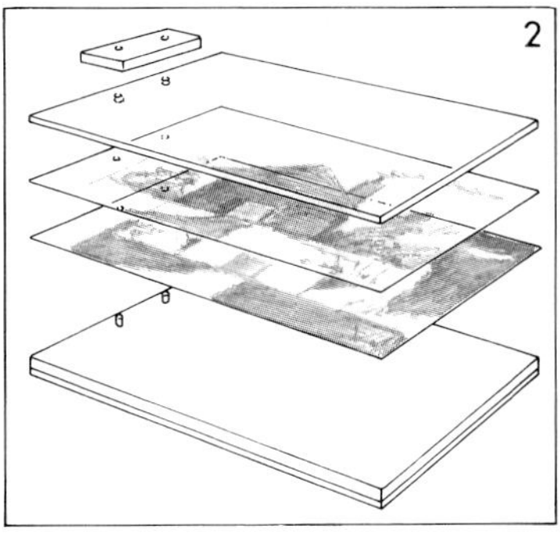

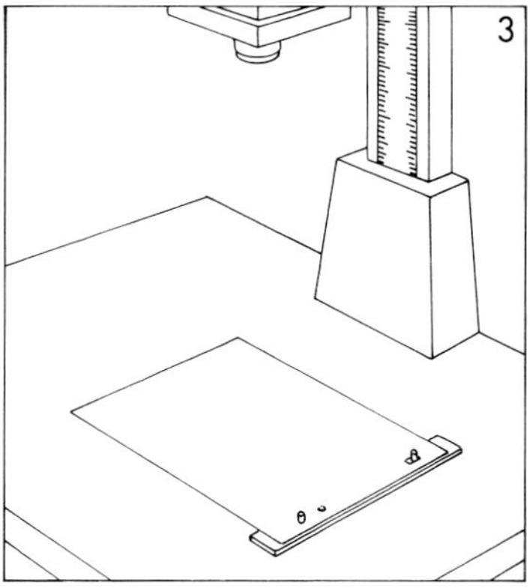

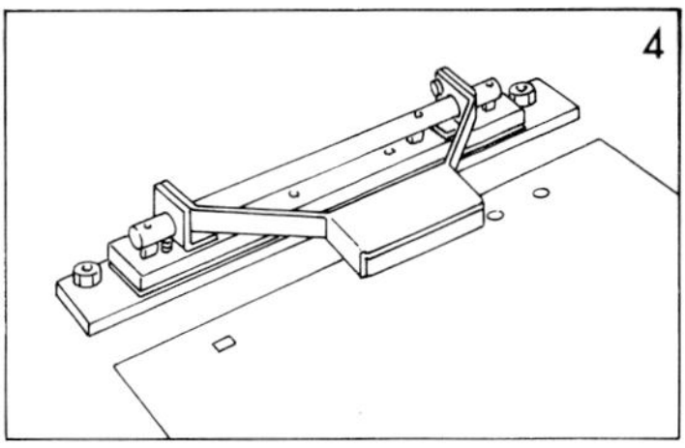

1. Tablero casero de registro.
2. Copia por contacto registrada adecuadamente.
3. Selección con registro bajo la ampliadora.
4. Sistema de perforado Kodak.

▲Muchos de los efectos más sorprendentes dependen de un buen registro. Esta fue creada de la siguiente forma: en primer lugar se imprimió la diapositiva original sobre papel negativo/positivo para obtener una imagen invertida, tanto en el tono como en el color. A continuación perforé esta copia y una segunda hoja de papel sin exponer y las coloqué en una impresora de contacto en ausencia total de luz. Conecté la ampliadora para exponer la segunda hoja: como la exposición tenía lugar a través de papel, el tiempo de exposición tuvo que ser 20 veces superior al normal. Superpuse luego ambas copias en la posición correcta gracias al registro e hice una copia por contacto sobre una tercera hoja.

SELECCIÓN DE COLOR

La selección de color es una técnica básica dentro de los procesos avanzados de laboratorio. La selección de color implica la división de la imagen coloreada en sus tres componentes, azul, verde y rojo, imprimiendo tres copias sobre película en blanco y negro y a través de filtros azules, verdes y rojos respectivamente.

● **Empiece con cualquier original,** ya sea una obra de arte, una copia plana, una diapositiva en color o un negativo de color. Si comienza con un negativo de color haga una copia positiva y trabaje a partir de ella.

● **Trabaje con diapositivas en color** siempre que le sea posible, es mucho más sencillo. Fotografíe con película diapositiva las obras originales y las copias si es necesario.

● **Incluya una escala de grises** en la foto si ésta ha sido tomada expresamente para la selección de color. Ello facilitará enormemente el cálculo de la exposición y del equilibrio del color.

● **Utilice película pancromática en blanco y negro** para las separaciones. Ello implica la necesidad de trabajar a oscuras, pero únicamente la película pancromática consigue registrar los tonos de todos los colores del original. En la ortocromática no se registran los rojos.

● **Trabaje con película en láminas** —9 × 13 cm es el ideal— a menos que desee copias de 35 mm: la selección es más sencilla.

● **Emplee filtros delgados** para asegurar la completa separación de los colores. Un buen equipo de selección es el Wratten 29, 61 y 47B.

● **Para efectuar la selección a partir de película en láminas** proyecte la diapositiva en la ampliadora.

● **Registre cada una de las placas** empleando un clavijero de registro sujeto al tablero de la ampliadora.

● **Corte las esquinas** para facilitar la identificación de cada separación.

● **Si utiliza el juego de filtros Wratten** recomendado y amplía los originales de 35 mm a 9 × 13 cm, empiece los ensayos de exposición con los siguientes tiempos: con el objetivo a f.8, exponga a través del filtro azul durante 25 segundos, a través del verde durante 15 y a través del rojo durante 30.

● **Revele las separaciones** en cubetas. Revele conjuntamente los tres negativos, pero deje el del rojo y el del verde durante 4 1/2 minutos y el del azul durante 7 minutos.

▼La selección a partir de las diapositivas en color da lugar a tres negativos distintos. Si necesita positivos, haga simplemente una copia por contacto sobre película en láminas.

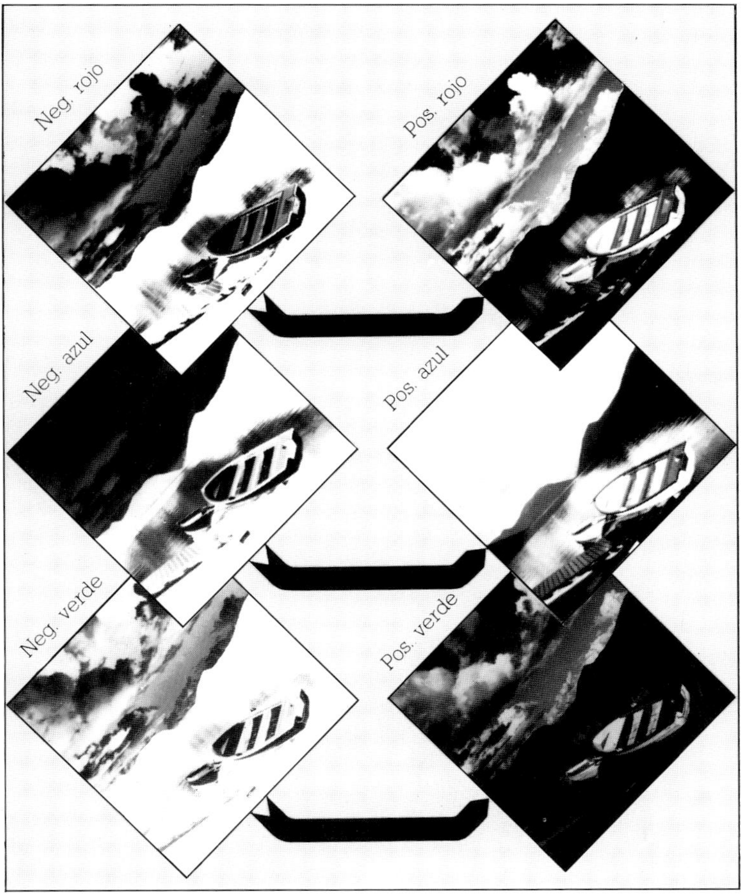

COPIAS POSTERIZADAS

Mediante la posterización es posible obtener una copia en colores muy llamativos a partir de cualquier original, en color o en blanco y negro. Esta técnica implica la elaboración de una serie de selecciones tonales en película de blanco y negro para pasar luego a su impresión alineada sobre papel de copias de color y a través de filtros de colores, en cualquier combinación. El resultado depende de los filtros elegidos.

- **Reproduzca los originales de color** en película normal en blanco y negro. Los negativos en blanco y negro pueden utilizarse directamente.

- **Haga la selección de tono** a partir del original o copia en b/n imprimiendo en tres láminas de película lith. La primera con exposición normal, la segunda sobrexpuesta en 1 1/2 puntos y la tercera subexpuesta en 1 1/2 puntos.

- **Elija el tamaño** de las hojas de película lith según el tamaño de la copia deseada, a menos que disponga de una ampliadora capaz de imprimir a partir de hojas de película grandes.

- **Asegure una alineación perfecta** sujetando un clavijero de registro sobre la base de la ampliadora y practicando orificios en cada película.

- **Haga una copia por contacto** de cada separación sobre película lith: dispondrá de tres separaciones en negativo y tres en positivo.

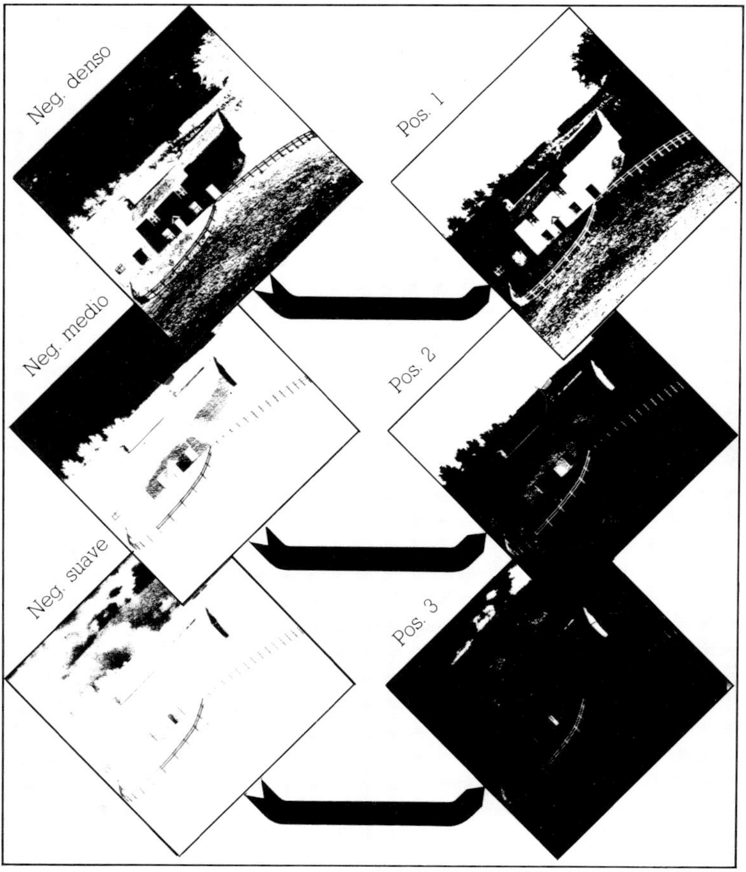

● **Numere cada separación** para poder repetir luego la copia.

● **Haga una copia posterizada** imprimiendo por contacto (o ampliando) las separaciones en papel para copias en blanco y negro o color.

● **Para conseguir posterizaciones en blanco y negro,** imprima simplemente las tres separaciones en orden sobre papel de blanco y negro, aplicando a cada separación únicamente la exposición necesaria para producir un tono medio gris en las sombras.

● **Para posterizaciones simples en color** exponga una sola separación sobre papel para copias de color con una fuente de luz coloreada.

● **Para posterizaciones de varios colores,** imprima varias combinaciones de separaciones en papel para copia de color, empleando una luz de distinto color para cada exposición.

● **Coloree la luz** colocando filtros de distinto color bajo la ampliadora o en el portafiltros de la ampliadora.

▼La imagen posterizada de la casa comenzó con la selección de tres tonos de distinta densidad realizados a partir de la transparencia original mediante impresión por contacto sobre película lith de alto contraste. De ellas se sacaron positivos por contacto y luego se imprimieron conjuntamente, utilizando diferentes fuentes de luz.

PELÍCULA EQUIDENSIDAD

Las técnicas de laboratorio que alteran las imágenes están mejorando mucho en los últimos años, debido en parte a los progresos dentro del campo de las películas especializadas, utilizadas con fines científicos, como la película equidensidad de alto contraste Agfacontour. Estos nuevos materiales permiten a los fotógrafos y diseñadores gráficos explotar sus notables características y sus propiedades de elevado contraste, dando lugar a sorprendentes efectos de posterización y a fotografías que parecen resplandecer ante la luz. Resulta muy divertido experimentar con el comportamiento poco habitual de estas emulsiones; a partir de sus fotos puede transformar los originales en espectaculares imágenes de color.

- **Obtenga una imagen de equidensidad** copiando el original en película Agfacontour que reproduce las zonas de luces altas y sombras en negro, pero entre ellos aparece una línea clara, muy delgada, que une los puntos de igual densidad de tono. Como resultado se obtiene un perfil de cada área tonal, como si fuera un dibujo.

- **Haga una copia por contacto** de su negativo original sobre película lith para obtener el positivo. Reproduzca ésta para tener el negativo en lith.

- **Exponga una lámina** de película Agfacontour en contacto con el negativo lith. Realice un ensayo de exposición aplicando intervalos de 10, 20, 40 y 80 segundos a f.8.

- **Revele la película** en revelador Agfacontour durante 2 minutos a 20 °C, luego introdúzcala en un baño de ácido acético al 3% durante 30 segundos. Fije como siempre y lave durante 15 minutos.

- **Establezca la exposición** observando la hoja ya revelada con luz normal. Las líneas no se forman si la de exposición es demasiado alta o baja. Una hoja subexpuesta tiene un color negro azulado; una sobrexpuesta muestra un tinte pardusco.

- **Haga un contacto en película lith** con su imagen de primer orden. Emplee los mismos tiempos de exposición y revelado para obtener la imagen de «segundo orden». Continúe con esta secuencia para establecer la imagen de «tercer orden» con tres líneas de equidensidad.

- **Impresione sucesivamente a través de los tres filtros** de color para obtener la imagen final.

▲Estas sorprendentes fotos de color proceden de un negativo de bajo contraste en blanco y negro correspondiente a la foto original que aparece en la página anterior (arriba). El negativo original fue expuesto sobre película equidensidad. A continuación se realizaron la segunda y tercera imagen y las tres imágenes finales se imprimieron sucesivamente a través de filtros de color. El resultado final depende del filtrado y del número de negativos equidensidad empleados.

MÁSCARAS PARA CONTRASTE

El enmascarado del contraste tiene por finalidad incrementar o reducir el contraste, especialmente en diapositivas, con una precisión imposible de conseguir mediante el reservado habitual. También es una forma interesante de producir imágenes de color falso. Esta técnica implica la impresión del original en contacto con una copia subexpuesta y débil en blanco y negro sobre papel reversible de color.

● **Decídase** entre una máscara bien definida o una menos nítida. Ambas se obtienen efectuando un contacto a partir del original, pero para una máscara poco nítida hay que separar las dos emulsiones con una hoja difusora. Este tipo es el más habitual y disimula con más facilidad los errores de registro.

Para reducir el contraste

● **Obtenga una máscara poco nítida** exponiendo el original por contacto sobre película especial para máscaras o, si ello es imposible, sobre película ordinaria en blanco y negro.

● **Vaya experimentando con la exposición** y el revelado hasta que obtenga un negativo muy suave con poca imagen en las luces altas.

Para aumentar el contraste

● **Utilice negativos de separación** para obtener un internegativo bien definido (emulsión contra emulsión) a partir de la diapositiva original.

● **Vaya experimentando con la exposición** y el revelado hasta obtener una imagen bien definida y detallada.

● **Contacte el internegativo** con otro trozo de la misma película (bien registrados) y aplique una breve exposición para obtener una imagen subexpuesta sin detalle en la zona de luces altas.

Para imprimir con máscaras

● **Contacte máscara** con el original (bien registrado). Al imprimir, aumente el tiempo de exposición según la densidad de la máscara.

Para cambiar el color

● **Contacte el negativo** de color o la transparencia con una máscara negativa o positiva de contraste y exponga bajo una luz coloreada. También puede emplear ambas máscaras y una doble exposición.

▼Las dos máscaras para contraste que aparecen abajo fueron utilizadas en una doble exposición para tomar la foto del cementerio de coches. La primera exposición corresponde al paquete de la transparencia original y una máscara de contraste subexpuesta; la segunda, al paquete de la transparencia y el positivo de la máscara. Empleando fuentes de luz de distintos colores para cada exposición fue posible aumentar la diferencia entre las zonas de luces altas y las restantes de la imagen.

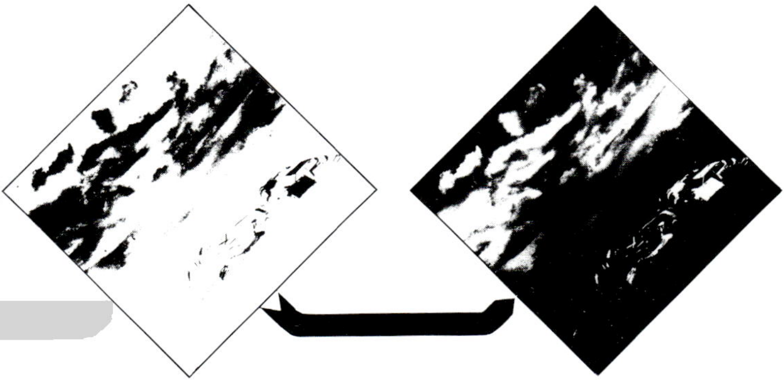

CONJUGADO DE IMÁGENES

El conjugado de imágenes es una forma muy efectiva de combinar diferentes motivos en una sola copia. Los efectos son muy similares a los de la técnica de montaje, pero los elementos que intervienen no experimentan un recortado y pegado previos. La separación de elementos se lleva a cabo fotográficamente mediante combinaciones de máscaras positivas y negativas, y su conjunción posterior se realiza mediante una exposición múltiple. Este tipo de proceso suele realizarse en una copiadora, pero también es posible utilizar la ampliadora, siempre y cuando el registro de los elementos que intervienen sea muy preciso.

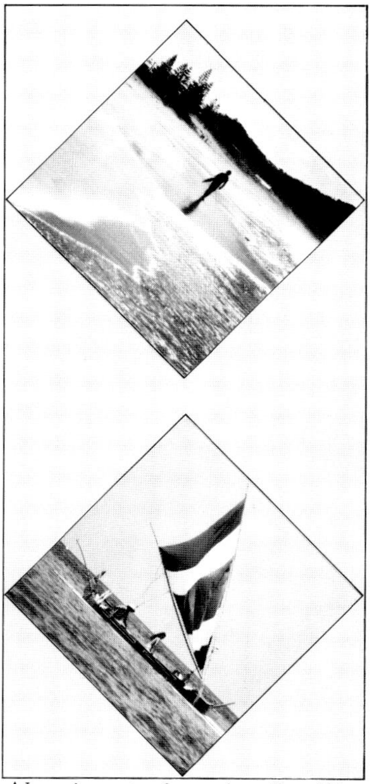

▲Los elementos fueron las cifras 123 en b/n y dos transparencias en color. La imagen 123 fue copiada en la ampliadora sobre película de 35 mm de alto contraste. El negativo resultante fue impreso sobre una hoja de película lith (con registro previo) para obtener la máscara positiva. Para obtener la máscara negativa se imprimió por contacto el positivo sobre película lith. Para conjugar las imágenes en color, la transparencia de la playa se imprimió sobre papel de color positivo/positivo, a través de la máscara positiva. A continuación se imprimió el barco de vela a través del negativo 123 y en posición invertida (con registro previo).

● **Mida cada elemento** haciendo un dibujo de la composición final.

● **Establezca la exposición** y el filtrado mediante tiras de pruebas confeccionadas de modo habitual.

● **Prepare máscaras positivas** y negativas copiando una forma o una imagen simple sobre película lith.

● **Registre** las imágenes cuidadosamente, introduciendo las clavijas en los orificios de registro.

● **Exponga las imágenes** sobre la misma copia a través de la máscara apropiada.

● **Amplíe la imagen** mediante los sistemas normales.

CREACIÓN DE MANDALAS

Un mandala es un dibujo en el que se repite un motivo determinado, siguiendo un esquema, algo así como las manchas de tinta de Rorsach o las imágenes de un caleidoscopio. Los mandalas fotográficos pueden tener aplicaciones dentro del campo del diseño gráfico, en papeles de pared o en tejidos. Mediante el fotomontaje, la impresión múltiple o la combinación de diapositivas duplicadas —como se muestra en el ejemplo siguiente— es posible obtener sugestivos mandalas de gran intensidad.

● **Elija una imagen** de forma regular y uniforme. Si desea crear un mandala en color, fotografíela con película de diapositiva. Para los mandalas en blanco y negro, haga un positivo por contacto.

● **Fotografíe un objeto,** un detalle abstracto sobre un fondo liso, por ejemplo, o bien un fragmento muy aumentado con un objetivo macro. El mandala de nuestro ejemplo se basó en un cigüeñal.

● **Busque en su archivo fotográfico** para elegir la imagen adecuada. Las fotos con líneas diagonales y convergentes, de formas sencillas y amplias son las ideales.

● **Aisle secciones** de imágenes posterizadas, solarizadas o filtradas a través de prismas. No olvide consultar sus fotos en blanco y negro. Las imágenes de alto contraste, las siluetas y las fotos en película lith nos ofrecen esquemas de gran intensidad.

►El mandala de la derecha fue realizado a partir de 18 duplicados de la diapositiva original sobre película de copia Kodak 5071. Después de hacer los duplicados dibujé una rejilla sobre papel de calco, utilizando una diapositiva para determinar el tamaño de los rectángulos, y la sujeté sobre una mesa de luz (arriba). Luego recorté con cuidado los bordes de las diapositivas, utilizando una cuchilla fina y una regla metálica. Con un pincel fino apliqué la mínima cantidad posible de cola sobre el borde de cada diapositiva y las pegué todas sobre la rejilla, esperando a que las junturas, se secasen, antes de añadir la siguiente.

● **Haga una serie de copias** de su original, algunas con la imagen directa y otras con la imagen invertida.

● **Para invertir la imagen** basta con dar la vuelta a la diapositiva y exponerla por la parte frontal.

● **Duplique diapositivas** si desea hacer una serie de copias de su mandala ya acabado. Para pegar las diapositivas se requiere una habilidad considerable, pero podrá emplear el mandala ya acabado para obtener un número ilimitado de copias mediante impresión por contacto. Las copias sobre película de 35 mm resultan también relativamente baratas.

● **Reproduzca sobre película de 9 × 13** si sólo desea unas cuantas imágenes. Las diapositivas grandes son fáciles de trabajar y permiten una copia mayor.

● **Componga la distribución de las diapositivas** dibujando una rejilla sobre papel de calco, sujetando éste sobre una caja de luz y colocando las diapositivas encima. Recorte las diapositivas con la ayuda de una cuchilla y una regla metálica y aplique un adhesivo transparente en los bordes para pegarlas entre sí, procurando que no se enganchen al papel.

● **Haga un montaje con copias del original** si piensa que la composición con las diapositivas es una operación demasiado pesada, y luego fotografíe el resultado. O bien efectúe una serie de exposiciones sobre la misma hoja de papel, utilizando máscaras y una rejilla ya dibujada.

EXPLOTE EL EFECTO NEÓN

Los materiales opalinos se emplean normalmente para proporcionar una fuente uniforme de luz para visionar y proyectar las películas. También puede utilizarlos para crear halos espectaculares, como luces de neón alrededor de la imagen. Este efecto se basa en la dispersión de la luz por la película opalina, y puede compararse a la corona solar en un eclipse total. La idea consiste en hacer un perfil en negativo y un positivo. Para obtener el neón se empaqueta una hoja de película opalina y una placa de vidrio entre el positivo y el negativo, iluminando el negativo desde la parte inferior. Sin la película opalina, la silueta positiva bloquearía toda la luz que pasa a través de la máscara negativa. La película opalina dispersa la luz suficiente para dar lugar a un perfil luminoso.

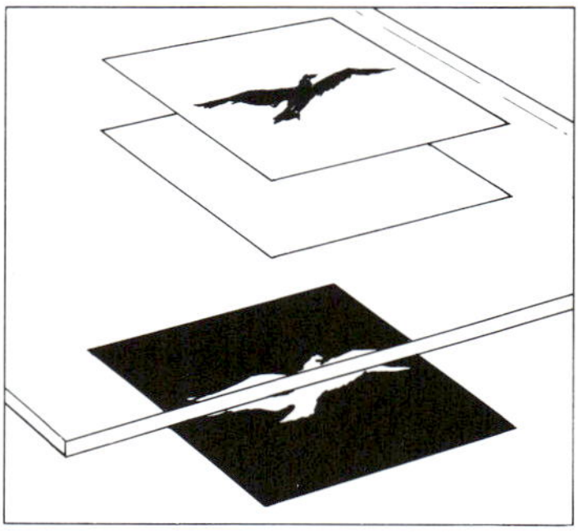

▲Para obtener la imagen inferior fotografié el positivo lith con una luz azul, luego sujeté el negativo por debajo de la película opalina y el vidrio y lo iluminé con una luz amarilla para dar lugar al efecto neón en la segunda exposición.

►Para esta foto hice tres exposiciones con flash, copié los negativos sobre película lith e hice contactos sobre lith para obtener las máscaras positiva y negativa. Las fotos neón se hicieron con luz verde sobre el mismo negativo.

- **Utilice cualquier original,** con un contorno sencillo y bien definido.
- **Copie sobre película lith** para obtener la máscara negativa. Retoque para reforzar la silueta.
- **Haga un contacto de la copia lith** sobre lith para obtener el positivo.
- **Fije el negativo** con cinta adhesiva sobre una placa gruesa de vidrio.
- **Pegue la película opalina** o papel de calco contra la otra cara de la placa de vidrio.
- **Registre con cuidado el positivo** sobre el negativo y sujételo bien.
- **Ilumine el negativo** desde abajo. Coloree la luz con filtros si así lo desea.
- **Tome la fotografía** desde arriba.

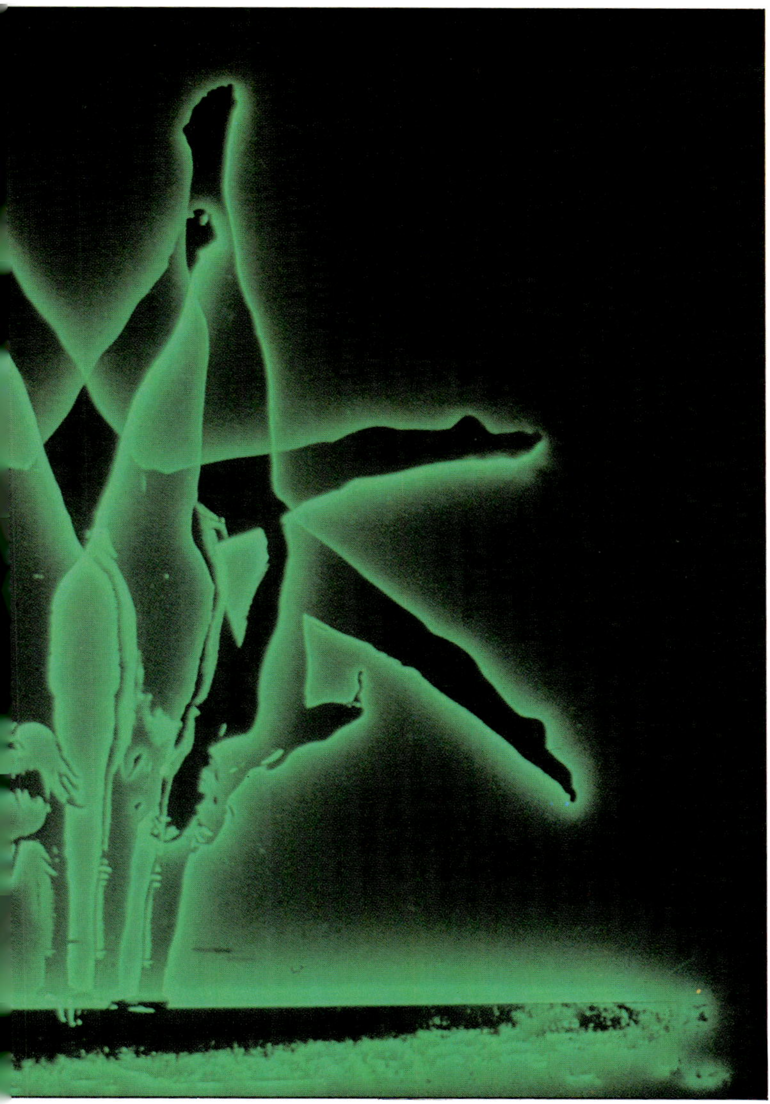

TRANSFERENCIA DE COLOR (1)

Para obtener copias de buena calidad, el sistema de transferencia del color es difícilmente mejorable. Si el operador tiene la experiencia necesaria podrá conseguir copias en color incomparables que perdurarán mucho más que las realizadas mediante los procedimientos convencionales. La técnica es sin duda muy compleja, requiere una paciencia considerable y los materiales son costosos. No obstante, una vez dominada, la riqueza de los colores y el grado de control casi total son una buena recompensa al considerable esfuerzo aplicado. El proceso implica la selección de los tres colores a partir de un original en color y la impresión de éstos sobre gelatina. Cada una de las tres matrices se colorea en un color distinto y el colorante se transfiere a una base de papel especialmente preparada, imprimiend[illegible]s matrices simultáneamente tras un cuidadoso registro.

1. Para obtener las matrices necesarias para la transferencia de color se necesitan tres negativos de separación del original. Bajo una luz de seguridad roja, imprima cada uno de los negativos por separado sobre película matriz para obtener tres matrices positivas. Ensaye la exposición.

2. Mezcle bien las dos partes del revelador y endurecedor especial, vierta la mezcla en la primera cubeta y luego sumerja inmediatamente las tres matrices expuestas, una después de la otra. Agite continuamente durante los dos minutos de revelado para que las matrices se mantengan separadas.

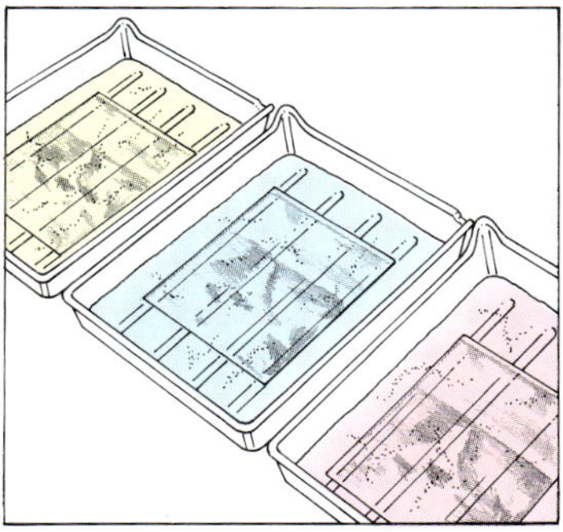

4. Inicie el proceso de transferencia dejando en remojo las tres matrices en agua templada durante cuatro minutos. Traslade ahora las matrices a sus respectivos baños de colorante y déjelas durante cinco minutos a temperatura ambiente, agitando frecuentemente.

5. El papel debe ser acondicionado en el baño correspondiente durante 20 minutos. Saque la matriz cian de su baño y escúrrala hasta que el colorante caiga en forma de gotitas. Sumérjala en un baño de ácido acético al 1% durante un minuto, deje escurrir y trasládela al segundo baño ácido.

Material imprescindible
Instrumental normal y: equipo para la selección de color (págs. 118-119); exposímetro, película matriz y productos químicos (incluyendo el revelador en dos partes y los colorantes); papel de base y acondicionador; placa para la transferencia; siete cubetas de revelado grandes; sistemas de registro por taladro; mesa de luz; cinta adhesiva para máscaras; escurridor a rodillo.

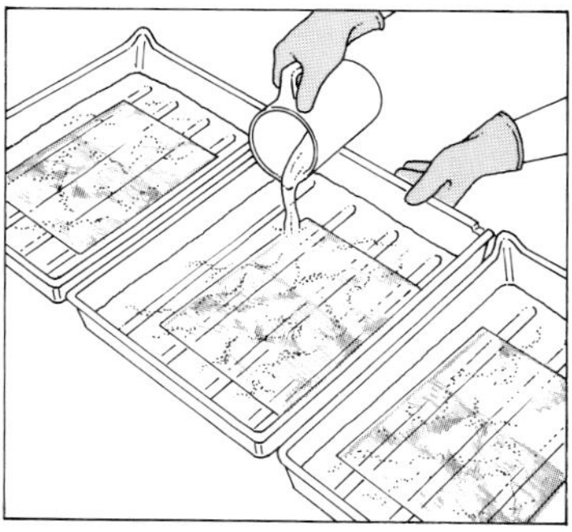

3. Aclare en agua durante 30 segundos y luego en un fijador sin endurecido durante cinco minutos. Coloque luego cada matriz en una cubeta distinta con agua templada para disolver la gelatina no expuesta. Una vez aclarado deje enfriar en agua fría, seque y practique los orificios para el registro.

6. Coloque el papel de base sobre el tablero. Sitúe la matriz cian con la cara en relieve hacia abajo sobre las clavijas del registro, pero sin tocar el papel. Luego vaya enrollando la matriz sobre el papel a partir del lado sujeto. Repita el proceso para las matrices magenta y amarillo.

● **Haga los negativos de separación** en el laboratorio (ver páginas 118-119) o bien practicando tres exposiciones en la cámara a través de los filtros apropiados de color rojo, verde y azul. Si trabaja en el cuarto oscuro, ayúdese mediante un registro adecuado. Para obtener negativos de separación a partir de los negativos de color debe hacer primero los positivos y reproducirlos posteriormente.

● **Los negativos de color** pueden ser separados directamente sobre una película matriz pancromática especial, a través de tres filtros de selección, trabajando en completa oscuridad.

● **Ensaye la exposición** con la separación cian cuando haga las matrices. Utilice un exposímetro confeccione una tira de prueba normal, pero colocando un clip sujetapapeles en la película matriz a medida que vaya exponiendo cada banda.

● **Valore las exposiciones** de ensayo buscando aquella banda en que las zonas de luces altas aparezcan sin tono ni gelatina. Observe luego las marcas dejadas por los clips y busque la banda que ha recibido una exposición suficiente como para formar una débil imagen en relieve del clip.

● **Revele las matrices a 20 °C,**

● **Agite** sacando la matriz del fondo y colocándola en la parte superior de la pila cada 15 segundos.

● **Practique orificios de registro** en cada matriz de la siguiente forma: Sujete con cinta adhesiva la matriz cian, con la cara en relieve hacia abajo, sobre la mesa de luz y con los registros correspondientes. Ajuste a simple vista la matriz magenta, ayudándose de una lupa. Practique orificios de registro en ambas matrices. Repita el proceso con la matriz amarilla, registrándola sobre la cian.

● **Coloque la copia** sobre una placa de vidrio gruesa dispuesta en un bastidor de madera donde se puedan colocar las clavijas de registro.

● **Imprima las matrices** en el orden siguiente: cian, magenta y amarillo, durante cinco minutos cada una.

TRANSFERENCIA DE COLOR (2)

Una vez haya aprendido los principios básicos de esta técnica, puede obtener una gama completa de efectos especiales y derivados. Algunos de estos ejemplos pueden ser muy delicados y sorprendentes, como el curioso cambio de color del coche de la ilustración inferior; algunos pueden llegar a ser tan llamativos y llenos de color como las posterizaciones. La clave para obtener estos efectos está en explotar las matrices.

- **Coloree las matrices** con tintes erróneos —la matriz cian en el color magenta, etc. Debe colocar siempre en primer lugar la matriz más oscura, la cian.

- **Pruebe nuevos colores** para teñir las matrices.

- **No utilice más de tres colores** en cada copia.

- **Haga las matrices** a partir de separaciones en película lith.

- **Haga matrices** de cualquier original: diapositivas en color, negativos, positivos, blanco y negro, cualquier tipo de material.

- **Sobreimpresione** las matrices sobre copias en blanco y negro.

- **Combine matrices** negativas con positivas.

- **Combine imágenes** usando matrices de distintas fotos.

▼Las copias por transferencia de color son un punto de partida ideal para practicar el retocado; tanto el papel como los colorantes combinan muy bien con los colores pulverizados. La imagen directa del hombre en el sofá (derecha) fue utilizada para hacer una copia por transferencia en la que se introdujo la zona sombreada mediante un ligero retoque para dar la idea del cuadro descolgado hace tiempo. También apliqué matrices por segunda vez a la copia para aumentar el contraste. Para esta segunda transferencia, dejé cada matriz en el baño de color sólo 20 segundos.

◄Estas dos imágenes impresas por transferencia proceden de la misma foto. El coche rojo fue la copia directa obtenida por el proceso explicado anteriormente (páginas 132-133). Para transformar el color en azul, hice un nuevo juego de matrices a partir de los negativos de separación originales compaginados junto con una máscara del coche. La copia de estas matrices dio lugar a una imagen directa del fondo. Luego volví a exponer los negativos de separación de filtro rojo compaginados con una máscara invertida del coche para obtener así una matriz que permitiera imprimir el coche en cualquier color deseado —en este caso el azul.

CÓMO MONTAR LAS COPIAS

Sus fotos preferidas merecen un montaje adecuado para que puedan rendir al máximo al ser observadas, ya sea en su casa o en una exposición. Asegúrese de la ausencia de manchas y retóquelas con cuidado si es preciso. No es necesario que las enmarque, pero cualquier soporte que emplee debe ser lo suficientemente grueso como para evitar que se curven o se arruguen. Una montura bien cortada, en un color neutro o simplemente blanca, realzará considerablemente la apariencia de sus mejores fotos; aunque el precio del cartón grueso de montaje es bastante elevado, la inversión merece la pena. Puede comprar monturas ya cortadas con el vidrio y las grapas correspondientes. También es posible adquirir los juegos DIY para construir marcos en toda una serie de tamaños estándar.

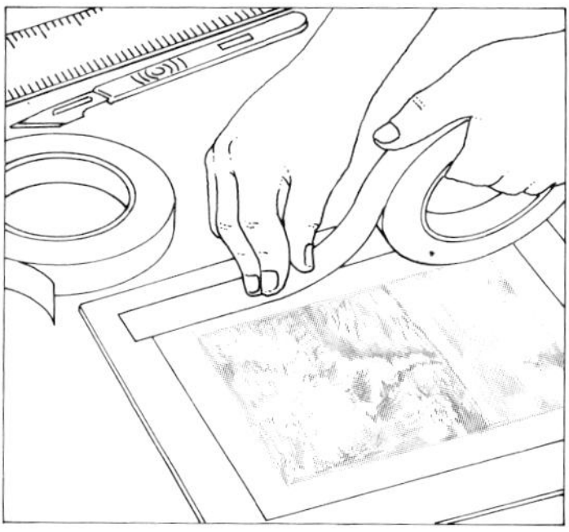

1. Utilice un lápiz para señalar los límites de la foto sobre el cartón de montaje. Deje espacio para los bordes. Centre bien la copia y fíjela con cinta adhesiva al cartón, sujetando la parte inferior y la foto y sacando el papel de protección.

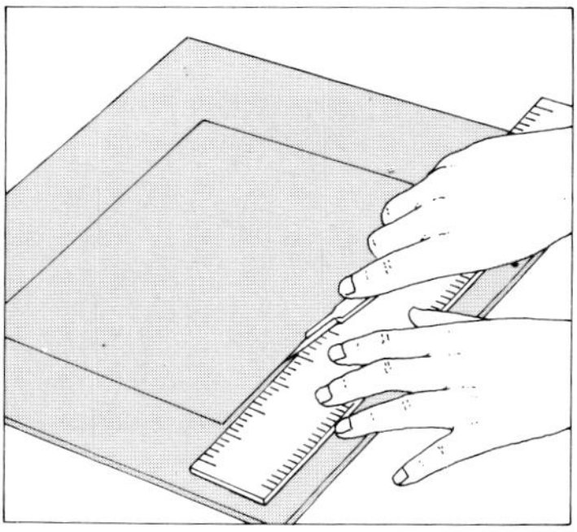

2. Tome medidas de la abertura sobre el cartón superior y marque ligeramente el rectángulo con un lápiz. Recorte con una cuchilla bien afilada procurando cortar en bisel. Procure no pasarse en las esquinas. Borre las marcas de lápiz.

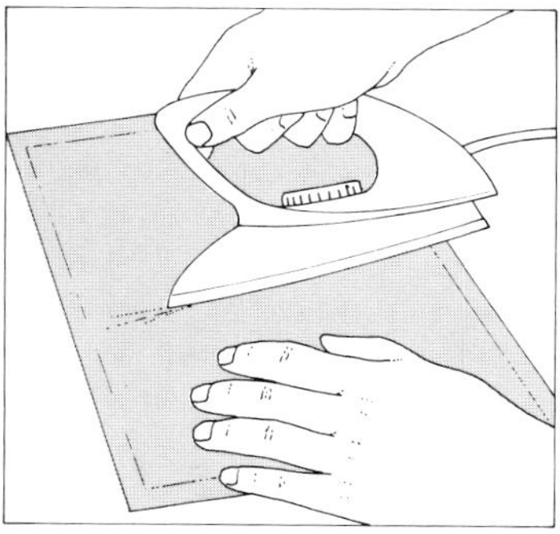

1. También puede colocar la copia boca abajo y disponer el tejido adhesivo por encima. Presione ligeramente con una plancha casera al mínimo. Si no se funde la cola, aumente ligeramente el calor. Avance a partir del centro, pero no pase la plancha por las esquinas.

2. Ahora dé la vuelta a la copia y recorte el sobrante de tejido, o bien recorte copia y tejido a la vez empleando una cuchilla bien afilada. Los bordes deben ser uniformes, sin restos de tejido, a menos que piense colocar luego un marco.

● **Cómo cortar la montura.** Los bordes de la montura deben ser bastante anchos; el borde inferior más ancho que el superior o los laterales. Si se emplea cartón grueso, recorte la abertura en bisel y dele las mismas dimensiones totales que el borde.

● **Montaje normal o en seco.** La técnica más simple consiste en emplear un adhesivo tipo látex, aplicado con un esparcidor, o bien un aerosol de caucho adhesivo en spray.

● **Otra alternativa** es usar cinta adhesiva de doble cara, con dos papeles de protección y tejido adhesivo, lo que permite trabajar en seco de la forma más efectiva.

● **El tejido adhesivo está impregnado** de una cola que se funde al presionar con un soldador, permitiendo una buena unión entre copia y montura. Puede utilizar una plancha casera normal, como se muestra en la ilustración inferior.

3. Utilice cinta adhesiva de doble cara a lo largo de los bordes de la copia para pegarla simultáneamente a los dos cartones. Los sobrantes pueden cortarse con una cuchilla. Si desea añadir un marco compruebe que el espesor de éste permite la entrada de los dos cartones además del vidrio.

4. Saque el papel de protección de la cinta adhesiva, compagine los dos cartones de montaje y apriete con fuerza. Emplee un trapo para evitar dejar marcas en la montura. Para conseguir una buena unión entre la copia y el soporte puede utilizarse tejido adhesivo.

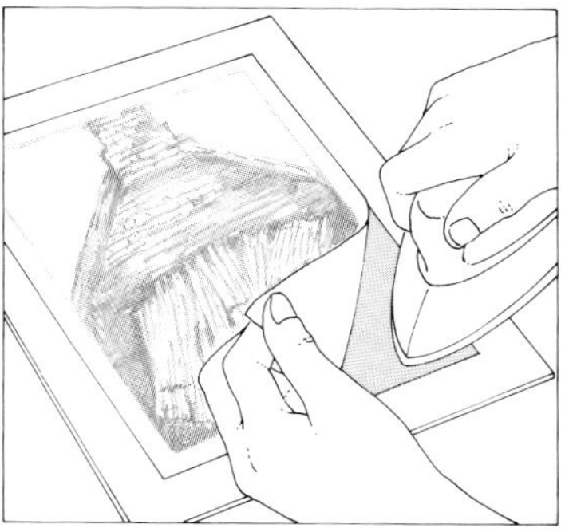

3. Coloque la copia sobre la montura de soporte, con los lados bien paralelos al borde; la posición se habrá marcado previamente con lápiz y regla. Mantenga la copia en posición, levantando las esquinas una por una y adhiriendo el tejido al cartón por medio de la plancha.

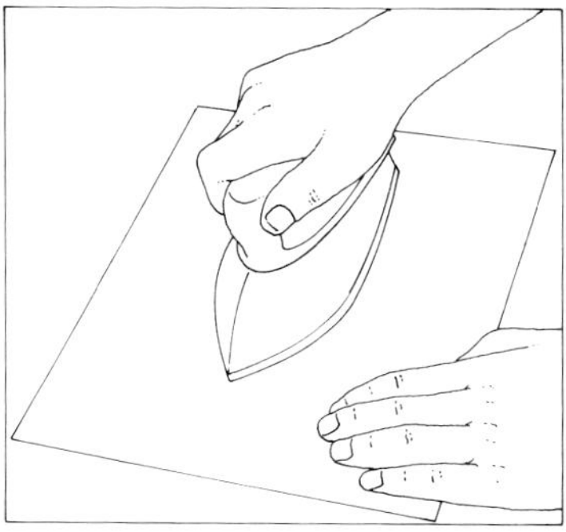

4. Ahora es necesario proteger la cara de la copia con un papel suave, sin cera. El papel de embalar marrón es ideal. Coloque la plancha al mínimo y vaya presionando la copia, desde el centro hacia los bordes. Compruebe si el tejido ha quedado bien unido.

CÓMO ALMACENAR LAS FOTOS

Ninguna imagen fotográfica dura eternamente. En especial las copias de color están expuestas al desteñido. Si las conserva y almacena en las condiciones adecuadas puede alargar su vida considerablemente. Un archivo fotográfico adecuado y bien organizado le permite también hallar la imagen deseada con un mínimo de problemas. También le ayudará a conservar sus fotos, pues no hay nada que reduzca tanto la vida de una fotografía como el manoseo.

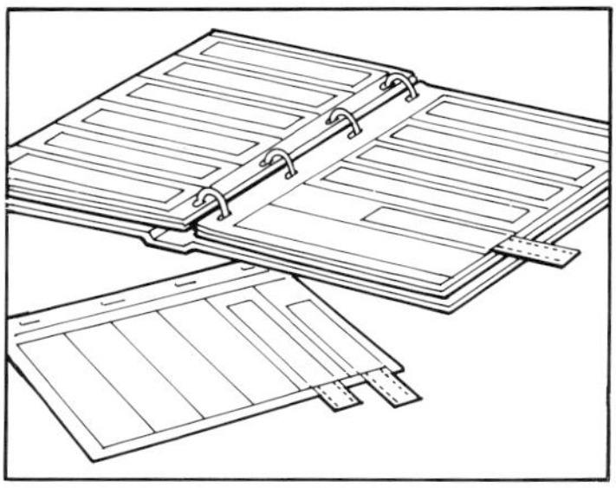

▲Las láminas para archivar negativos son una forma muy conveniente de conservar este material. Para las diapositivas existen unas hojas transparentes muy adecuadas.

- **Conserve todas las películas** en un ambiente seco. La humedad ambiental es absorbida por la película con mucha rapidez, ablandando la emulsión y dejándola desprotegida.

- **Coloque una bolsita** con gel de sílice donde guarda el material para que pueda absorber la humedad ambiental, especialmente en el caso de películas de color.

- **Evite absolutamente el polvo** y las partículas sólidas. Asegúrese de que en su armario no hay polvo y limpie las películas con un pincel antiestático antes de guardarlas.

- **Mantenga la película en un lugar fresco.** Pueden conservarse para siempre en una nevera seca.

- **Conserve las películas en la oscuridad.** Las películas de color se destiñen muy fácilmente bajo la acción de la luz intensa, especialmente la luz del sol y la fluorescente.

- **No toque nunca las películas** más de lo estrictamente necesario. Utilice duplicados o contactos si es posible.

- **Guarde los negativos** en las hojas adecuadas para el caso, fáciles de archivar en una carpeta con anillas.

- **Guarde las diapositivas** en las láminas de plástico transparente si sólo tiene unas pocas, o bien utilícelas para las más queridas o las más exhibidas.

Son costosas, pero protegen muy bien la diapositiva gracias a su bolsita individual y le permiten ver 24 diapositivas a la vez sin necesidad de tocarlas. Algunas pueden archivarse en carpetas con anillas, otras en los archivadores normales. Al igual que en el caso de los negativos, use bolsitas de politeno, nunca de cloruro de polivinilo.

- **Guarde** las colecciones de diapositivas en unas capas especiales, con ranuras para cada diapositiva.

- **Guarde** las series completas de exhibición en los carros utilizados para pasarlas con el proyector. Tenga en cuenta que los carros de algunos proyectores son muy caros.

- **Emplee hojas fichero de papel** si sólo observa los negativos de vez en cuando. Existe un papel especial que no reacciona con la película.

- **Utilice hojas de plástico transparente** si tiene que mirar los negativos con mucha frecuencia. Así podrá ver las imágenes claramente sin necesidad de sacarlas de la bolsita. Algunos plásticos desprenden vapores que pueden atacar la película, utilice bolsas de politeno.

PROYECTE SUS DIAPOSITIVAS

A diferencia de las copias, que pueden observarse directamente o bien exponerse de forma visible en una pared, las diapositivas sólo se aprecian bien mediante la proyección. Existen muchos fotógrafos que prestan gran atención a la calidad de las diapositivas, pero que desatienden la importancia del aparato proyector. Para que sus diapositivas rindan al máximo hay que cuidar tanto la proyección como cualquier otro aspecto.

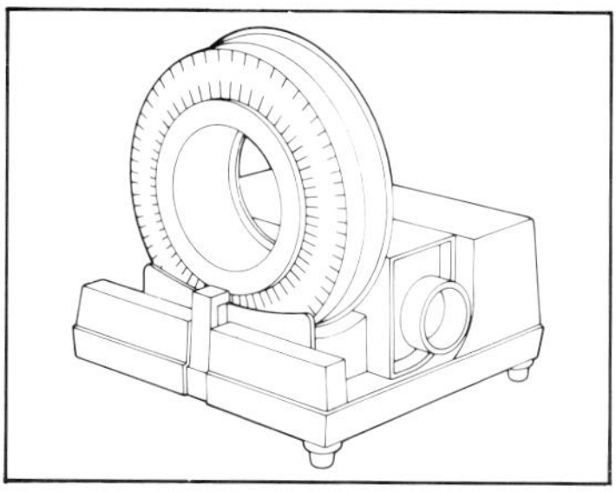

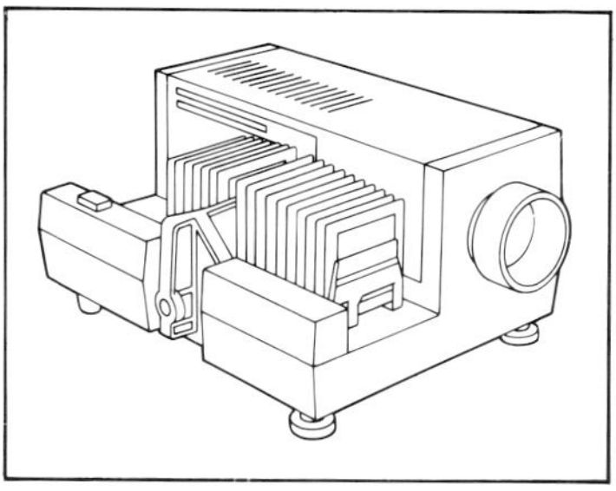

- **Consiga la máxima oscuridad** posible en el cuarto de proyección. Toda filtración de luz hace que los colores aparezcan desteñidos y pálidos.

- **Oscurezca también el proyector.** Es habitual que la luz se filtre por las rendijas de ventilación, y merece la pena colocar una hoja de cartón o de paño negro entre la parte superior del proyector y la pantalla.

- **Elija la pantalla con cuidado.** Una pared pintada de blanco mate va bastante bien, pero una verdadera pantalla es mucho mejor.

- **Las pantallas perladas** proporcionan una imagen muy clara y brillante, pero pueden observarse únicamente desde un ángulo muy reducido.

- **Coloque la pantalla** de espaldas a cualquier fuente potencial de luz.

- **Coloque el proyector** al mismo nivel que el centro de la pantalla.

- **Eleve el proyector** hasta la altura adecuada sobre una base especial para el caso. Si improvisa, asegúrese de que la base es firme. Un par de escaleras de mano constituye un soporte adecuado.

- **Utilice** una campana aislante siempre que pueda. Si el proyector es ruidoso, no se oirá tanto. Se puede ir cambiando de diapositiva con un mando de control remoto.

- **No incline el proyector** para ganar altura: la imagen de la parte superior aparecerá más ancha que la inferior.

- **Escoja la distancia focal** de su proyector según el tamaño de la habitación disponible y de la imagen deseada. Tenga en cuenta que se necesita un proyector muy potente para proyectar bien las imágenes grandes.

- **Recoja y sujete bien todos los cables colgantes.**

- **Tenga a mano una bombilla de repuesto para el proyector,** pueden fundirse en el momento más inesperado.

- **Tenga ya preparadas** todas las diapositivas en el orden y posición apropiados para colocarlas rápidamente en el proyector o en el carro. Recuerde que las diapositivas se proyectan boca abajo y con la emulsión dirigida hacia la pantalla.

- **Pegue topos adhesivos** en la esquina superior izquierda de cada diapositiva para facilitar la ordenación. El punto tiene que ir en la esquina superior derecha al colocar la diapositiva en el proyector.

- **No mezcle** diapositivas gruesas y delgadas ni tipos diferentes de película.

UN PASE DE DIAPOSITIVAS

La proyección improvisada de una serie de diapositivas de las vacaciones no plantea ningún problema. No obstante, en ocasiones uno desea presentar un pase algo más organizado, incluido un comentario informativo sistemático en lugar de las explicaciones casuales corrientes. Sea cual sea el motivo, merece la pena organizar bien la sesión. Para conseguir un efecto más conciso e intenso, conviene montar y recortar las secuencias. Las fotos poco interesantes que tienden a diluir el efecto de la sesión deben ser eliminadas sin miramientos, y las mejores fotos se incluirán únicamente si desempeñan un papel importante en el efecto general. Siguiendo estos principios, el número de diapositivas se verá reducido considerablemente, pero ello no es en absoluto negativo.

▲Una boda es un tema típico para un pase de diapositivas, y merece la pena añadir los comentarios correspondientes. Piense ya en el futuro pase en el momento de disparar las fotos. Siga la celebración desde el principio al final y saque fotos de cada uno de los momentos. Una buena foto para comenzar el pase es la de la novia preparándose en su casa. Las siguientes imágenes pueden ser las de los invitados que llegan a la iglesia, el coro cantando, la entrada de la novia y la ceremonia en sí misma. Luego seguirán las fotos de la fiesta nupcial fuera de la iglesia. El marco vertical de la puerta de la iglesia es una foto de transición ideal para pasar de los formatos horizontales a los verticales. La pareja abandonando la iglesia puede ser también un buen cambio para pasar de nuevo al formato horizontal. Las siguientes fotos deben mostrar los momentos cumbres de la recepción. Para terminar, presente las imágenes de los invitados despidiendo a la feliz pareja.

● **Utilice diapositivas de buena calidad.** Elimine todas aquellas borrosas, mal expuestas o defectuosas en cualquier sentido.

● **Intente conservar** un mismo formato, ya sea vertical u horizontal. Si necesita cambiar, busque una imagen rectangular para la transición. El marco de una puerta es ideal.

● **Siga el movimiento** en la misma dirección, por ejemplo la de los coches.

● **Prepare una buena explicación** para que el pase esté bien estructurado. Siga el acontecimiento desde el principio hasta el final.

● **Intente conseguir variedad** en sus imágenes, tanto en la perspectiva como en el tema. Mezcle vistas generales con primeros planos.

● **Tome también fotos que puedan enmarcar el escenario.** Como señales de carretera, vistas generales, etc., como introducción a una secuencia.

COMPENSAR LA EXPOSICIÓN

Los tiempos de exposición en las copias no sólo varían según cada negativo, sino también al cambiar la abertura del objetivo de la ampliadora, la ampliación o el filtrado de un mismo negativo. Sin embargo, no es necesario realizar un nuevo ensayo de prueba para cada uno de los cambios. Basta con consultar las tablas que ofrecemos a continuación.

Cambios en el tamaño de la copia

	Tiempo original de exposición (segundos)						
	1	2	4	8	16	20	30
Ampliación	**Nuevo tiempo de exposición (segundos)**						
2x	2	5½	11	22	44	55	80
2.25x	2½	6½	13	26	55	65	95
2.5x	3	8	16	32	65	80	120
2.75x	3½	9½	18	37	75	95	140
3x	4	11	22	45	90	110	165
3.5x	5¼	15	30	60	120	150	220
4x	7	18	38	76	150	200	280
5x	11	30	60	120	240	300	450
6x	16	45	90	180	360	450	—
8x	30	80	160	320	—	—	—
10x	50	130	270	—	—	—	—

Para hallar la exposición adicional necesaria para obtener una copia grande del negativo, debe averiguar el grado de aumento que tiene la copia grande respecto a la de referencia. Para ello basta con medir la longitud de un lado en la copia original y en la nueva. Divida ambos datos para hallar el grado de aumento. Consulte luego la tabla anterior para averiguar el nuevo tiempo de exposición. Los espacios en blanco en la tabla indican que la nueva exposición sería tan larga que pueden presentarse problemas debido a los «fallos de reciprocidad». Es mejor no hacer ampliaciones demasiado grandes a partir de negativos densos; pero si no hay más remedio, abra bien la abertura para trabajar con el tiempo de exposición más corto posible y haga una tira de prueba. En el caso de copias en color puede tener que cambiar el filtrado.

Cambios en el filtrado

	Factores de los filtros					
	Amarillo		Magenta		Cian	
Intensidad del filtro	Kodak	Agfa	Kodak	Agfa	Kodak	Agfa
05	1.1	1.1	1.2	1.2	1.1	1.2
10	1.1	1.1	1.3	1.2	1.2	1.2
20	1.1	1.2	1.5	1.2	1.3	1.3
30	1.1	1.2	1.7	1.3	1.4	1.4
40	1.1	1.2	1.9	1.4	1.5	1.5
50	1.1	1.2	2.1	1.5	1.6	1.7

Para hallar el cambio necesario en el tiempo de exposición al variar los filtros, consulte la tabla anterior para hallar el factor correspondiente al añadir un nuevo filtro o eliminar alguno de los ya presentes. Al añadir filtros, multiplique la exposición original por el factor adecuado. Si va a cambiar dos colores, multiplique (o divida) el tiempo de exposición original por el factor correspondiente a un color en primer lugar y luego por el factor del segundo.

CONVERSIONES

Aunque en los últimos años se han realizado considerables esfuerzos para unificar los sistemas de medida, muchos fabricantes de material de laboratorio insisten aún en utilizar su sistema preferido. Por ello algunas medidas se siguen expresando aún en onzas, otras en centímetros cúbicos, etc. Para evitar las confusiones merece la pena que intente estandarizar sus medidas en cada uno de los procesos empleados. Estas tablas le ofrecen algunas de las conversiones más corrientes.

Factores de conversión

Para convertir las medidas de un sistema en otro, simplemente multiplique por el factor de conversión indicado a continuación.

Longitud			
pulgadas a cm	2.54	cm a pulgadas	0.3937
pies a m	0.3048	m a pies	3.2808
Volumen			
onzas (capacidad) americanas a ml	29.57	ml a onzas americanas	0.0338
onzas (capacidad) inglesas a ml	28.41	ml a onzas inglesas	0.0352
Peso			
onzas a g	28.35	g a onzas	0.0353
libras a kg	0.4536	g a libras	2.2047

Temperaturas
Las temperaturas pueden expresarse en grados Fahrenheit (F) o centígrados (C), según la escala Celsius. Para pasar de una escala a otra de temperaturas, utilice las fórmulas que damos a continuación.

Fahrenheit a centígrados:
grados C = (grados F−32) × 5/9

Centígrados a Fahrenheit:
Grados F = (grados C × 9/5) + 32

Fahrenheit a centígrados

°F	°C	°F	°C
50	10.0	75	23.89
55	12.78	80	26.67
60	15.56	85	29.44
65	18.33	90	32.22
67	19.44	95	35.00
68	20.00	100	37.78
69	20.55	101	38.34
70	21.11	105	40.56

Centígrados a Fahrenheit

°C	°F	°C	°F
10	50.0	30	86.0
15	59.0	32	89.6
19	66.2	34	93.2
20	68.0	36	96.8
21	69.9	37	98.6
24	75.2	38	100.4
26	78.8	39	102.2
28	82.4	40	104.0

FALLOS EN EL REVELADO

Los defectos que pueden aparecer en cualquier tipo de película se incluyen dentro del apartado dedicado al blanco y negro. Los errores típicos de los negativos de color o las diapositivas se incluyen en los apartados correspondientes. A menos que se indique lo contrario, los defectos en la película ya revelada son imposibles de corregir, y los remedios indicados se refieren únicamente a trabajos futuros.

Película en blanco y negro

● Rayaduras a lo largo de toda la película
Causa: Partícula sólida en contacto con la película al hacer arrancar el rollo o bien al rebobinar; partícula sólida que se ha ido arrastrando a lo largo de la película al pasarla entre los dedos o con el escurridor antes del secado; posible protuberancia en la placa que presiona la película en la cámara (raro).
Remedio: Proteger los carretes de película del polvo, partículas sólidas en el aire y arena; no abrir el carrete hasta que no vaya a cargarse la máquina. En el caso de carretes rebobinales, observar si el fieltro de cierre está limpio.

● Zonas claras aisladas en los negativos
Causa: Burbujas de aire que se han adherido a la película durante el revelado.
Remedio: Golpear el tanque de revelado después de agitar para desalojar las burbujas de aire.

● Bandas y/o manchas oscuras de forma irregular
Causa: Una filtración de luz que ha velado localmente la película antes del revelado.
Remedio: Comprobar las perfectas condiciones de los chasis multiuso, así como la oscuridad total del laboratorio y del tanque de revelado. Compruebe si la junta entre el tanque de revelado y la tapa es adecuada.

● Bandas transparentes o claras a lo largo del borde de la película
Causa: Cantidad insuficiente de disolución en el tanque de revelado que no llega a cubrir perfectamente la película.
Remedio: Siga las instrucciones señaladas en el tanque para asegurar un volumen suficiente de disolución según la cantidad y formato de las películas.

● Negativos demasiado densos y contraste demasiado fuerte
Causa: Temperatura de revelado demasiado elevada, tiempo demasiado prolongado o excesiva agitación durante el revelado.
Remedio: El rebajador de Farmer puede aligerar un poco los negativos demasiado densos. En el futuro siga las indicaciones correctas para el tiempo de revelado, temperatura y agitación de acuerdo con la película empleada y controle la temperatura de la disolución, colocándola en un baño de agua a la temperatura necesaria. Si esto es imposible, ajuste el tiempo de revelado según la temperatura de trabajo que se está empleando.

● Negativos débiles pero contraste casi normal
Causa: Temperatura de revelado demasiado baja, tiempo demasiado corto o agitación insuficiente.
Remedio: Controlar el proceso de revelado como se especifica anteriormente.

● Aspecto blanco lechoso
Causa: Baño de fijado insuficiente, fijador agotado o concentración del mismo incorrecta.
Remedio: Volver a fijar en un fijador nuevo; comprobar las recomendaciones del fabricante en lo que se refiere a la disolución y duración de proceso. Anotar la fecha de la preparación en el frasco, así como la concentración y el número de películas reveladas cada vez.

● Reticulado
Causa: El «shock» creado por disoluciones a distinta temperatura, por ejemplo, revelador caliente y fijador frío.
Remedio: Asegurarse bien de que todas las disoluciones y el agua de lavado estén a la misma temperatura.

● **Película totalmente transparente**
Causa: Película colocada accidentalmente en el fijador en lugar del revelador.
Remedio: Ninguno para las películas ya afectadas.

Negativos de color

● **Negativos demasiado densos y contrastados**
Causa: Revelado excesivo; en las películas Agfa, si el color naranja es también demasiado denso, es probable que el blanqueado haya sido excesivo.
Remedio: Seguir cuidadosamente las instrucciones del fabricante en lo que se refiere al tiempo de blanqueado, temperatura y disolución del mismo.

● **Manchas** en las que se aprecia el color naranja, pero la imagen ha desaparecido o se observa sólo muy débilmente.
Causa: Burbujas de aire adheridas a la película durante el revelado.
Remedio: Golpear el tanque después de la agitación.

● **Bandas de forma irregular** que discurren hacia abajo a partir de los orificios de la película.
Causa: Revelador retenido en los orificios durante un tiempo de escurrido demasiado largo.
Remedio: Escurrir un poco antes de finalizado el revelado y pasar rápidamente a la fase siguiente.

● **Predominancia general de color púrpura** con una imagen densa.
Causa: Velado.
Remedio: Comprobar las posibles filtraciones de luz en el tanque de revelado y en el laboratorio.

Diapositivas en color

● **Bandas de color claro** o manchas irregulares, casi siempre amarillentas.
Causa: Velado.
Remedio: Comprobar las posibles filtraciones de luz en el tanque de revelado y en el laboratorio.

● **Manchas oscuras,** probablemente con una predominancia rojiza.
Causa: Burbujas de aire adheridas a la película durante el revelado.
Remedio: Después de agitar, golpear con fuerza la base del tanque.

● **Película demasiado densa y oscura, con una dominante rojiza**
Causa: Revelado insuficiente.
Remedio: Utilizar productos químicos recién preparados. Señalar en el frasco la cantidad de película que puede revelar cada volumen de revelador. Comprobar las indicaciones referentes a tiempo, temperatura y dilución.

● **Color demasiado azul, con negros ahumados**
Causa: Baño de inversión (si la película ha experimentado una inversión de tipo químico) demasiado concentrado; o revelador del color demasiado diluido; o bien el primer revelador estaba contaminado.
Remedio: Etiquetar bien los frascos y emplear siempre los mismos recipientes para cada una de las disoluciones. Comprobar las instrucciones referentes a las diluciones correctas.

● **Dominante verde, con negros ahumados**
Causa: Inversión omitida o inadecuada; también es posible que la película estuviera caducada o mal conservada.
Remedio: Comprobar el buen estado de las disoluciones. Comprobar el tiempo, temperatura y agitación de la inversión (si era de tipo químico) o bien la potencia de la bombilla y la distancia de la película a ésta.

● **Película demasiado clara, con una dominante azul**
Causa: Revelador del color seguramente contaminado con el primer revelador.
Remedio: Etiquetar bien los frascos y utilizar siempre los mismos recipientes para cada una de las disoluciones.

● **Aspecto lechoso, nublado**
Causa: Tiempo de fijación incorrecto, concentración del fijador también incorrecta, fijador agotado o demasiado frío.
Remedio: Volver a fijar en una disolución recién preparada.

● **Zonas de luces altas de color rosa**
Causa: Lavado insuficiente después del revelado del color.
Remedio: Seguir las instrucciones.

● **Tinte pardo amarillento**
Causa: Blanqueado incorrecto.
Remedio: Volver a blanquear y repetir las fases de fijado, lavado y secado.

FALLOS EN EL POSITIVADO

Los errores comunes a todo tipo de positivado se incluyen en la sección correspondiente al blanco y negro; las específicas de la impresión en color se incluyen en las secciones correspondientes. Aparte de algunos fallos menores que pueden ser retocados, los defectos de la impresión no pueden corregirse, y los remedios señalados a continuación pueden aplicarse sólo en los trabajos futuros.

Positivado en blanco y negro

● **Bajo contraste, tonos blancos y negros de poca calidad**
Causa: Revelado insuficiente; papel velado.
Remedio: Emplear un papel de grado más alto. Comprobar el tiempo de agitación, la temperatura y la concentración del revelador. No velar el papel; no dejarlo debajo de la luz de seguridad durante un tiempo demasiado prolongado antes de revelar o demasiado cerca de la bombilla. Comprobar que la luz de seguridad no es demasiado fuerte y que es del tipo adecuado; no dejar abierto el envoltorio del papel mientras se positiva la copia.

● **Contraste elevado** con poca variedad de grises.
Causa: Revelado excesivo.
Remedio: Comprobar las instrucciones respecto a la agitación, la temperatura y el tiempo de revelado.

● **Imagen demasiado oscura**
Causa: Sobrexposición durante el positivado; revelado excesivo, papel velado.
Remedio: Confeccionar una segunda tira de prueba para confirmar el tiempo de exposición. Cerciorarse de que la abertura del objetivo era la correcta. Comprobar las instrucciones referentes al tiempo, agitación, temperatura y concentración. Comprobar si la remesa de papel ha sido velada: inspeccionar la caja, las instrucciones sobre la luz de seguridad y las posibles infiltraciones de luz en el laboratorio.

● **Manchas blancas**
Causa: Burbujas de aire en la copia durante el revelado.
Remedio: Agitar constantemente la copia mientras esté en el revelador.

● **Marcas blancas y ramificadas, como relámpagos**
Causa: La electricidad estática ha marcado ligeramente la copia o el negativo.
Remedio: Si la marca está en el negativo es posible retocar la copia.

● **Manchas azules, púrpuras o parduscas**
Causa: Revelador contaminado por el fijador o el baño de paro.
Remedio: Volver a mezclar los productos químicos. Evitar los trasvases.

● **Bandas oscuras**
Causa: Tiempo de escurrido demasiado largo después del revelado; o bien fijador demasiado diluido.
Remedio: Escurrir rápidamente la copia después del revelado. Utilizar un fijador recién preparado.

● **Imagen irregular, a manchas**
Causas: Nivel de disolución en la cubeta demasiado bajo; también es posible que la copia fuera sacada de la cubeta antes de estar totalmente revelada al intentar compensar una sobrexposición.
Remedio: Colocar más disolución en cada cubeta y asegurarse de que las copias se hallan siempre bien cubiertas. Continuar el revelado hasta el final del tiempo previsto.

● **Imagen manchada con tonos blanco-amarillentos**
Causa: Papel viejo o conservado de forma incorrecta.
Remedio: Guardar el papel en un lugar fresco, seco y oscuro, y utilizarlo lo más pronto posible.

● **Anillos claros en la imagen**
Causa: Anillos de interferencia (anillos de Newton) originados por

un acoplamiento defectuoso entre el negativo y el vidrio del portanegativos.
Remedio: Utilizar vidrio especialmente diseñado para el caso o bien un portanegativos sin vidrio.

Positivado a partir de negativos de color

- **Predominancia general de un color**
Causa: Filtrado incorrecto.
Remedio: Añadir una combinación de filtros del mismo color que la dominante o bien eliminar los del color complementario.

- **Manchas cian**
Causa: Contaminación parcial del revelador.
Remedio: Volver a mezclar el revelador. Evitar los trasvases.

- **Manchas generalizadas de color rojizo, magenta o rosa**
Causa: Revelador oxidado; conservación inadecuada; disoluciones viejas; tiempo de lavado insuficiente.
Remedio: Utilizar un revelador recién preparado. Almacenar las disoluciones adecuadamente y comprobar las fechas de preparación.

- **Bandas cian o azules**
Causa: Revelador contaminando el blanqueador/fijador.
Remedio: Escurrir bien después de la fase de revelado. Utilizar vasos bien limpios.

- **Zonas ligeramente manchadas**
Causa: Papel curvado en sentido contrario al ser introducido en el tambor para copias.
Remedio: Cargar el papel con la emulsión hacia abajo.

Copias a partir de diapositivas

Proceso Cibachrome A

- **Dominante de un color**
Causa: Filtrado incorrecto.
Remedio: Eliminar una combinación de filtros del mismo color o bien añadir la del color complementario.

- **Imagen demasiado clara con zonas de luces altas verdosas** y sombras de color negro apagado.
Causa: Tiempo de revelado demasiado largo.
Remedio: Comprobar las instrucciones acerca del tiempo de revelado. Comprobar la copia de ensayo.

- **Copia velada, sin vida**
Causa: Tiempo de blanqueado insuficiente; o bien blanqueador demasiado débil o agotado.
Remedio: Comprobar el tiempo de blanqueado y la disolución. Emplear un blanqueador recién preparado si es necesario.

- **Copia oscura y apagada**
Causa: Blanqueador/fijador contaminado.
Remedio: Volver a mezclar y evitar los trasvases.

- **Poco contraste**
Causa: Fijador omitido, agotado o demasiado débil.
Remedio: Comprobar la dilución del fijador. Asegurarse de que la fase de fijado no ha sido omitida.

- **Copia negra sin imagen**
Causa: Baño de blanqueado omitido.
Remedio: Utilizar siempre los vasos y frascos en el mismo orden para no saltarse nunca una fase por alto.

- **Imagen demasiado clara con una predominancia general azul**
Causa: Disolución del revelador demasiado concentrada.
Remedio: Comprobar la dilución según las instrucciones del fabricante.

Proceso Ektachrome 14RC

- **Predominancia general cian**
Causa: Primer revelador contaminado por el blanqueador/fijador.
Remedio: Volver a mezclar el revelador; evitar los trasvases. Utilizar vasos limpios para mezclar los productos químicos.

- **Predominancia general azul o rojiza**
Causa: Insuficiencia en el primer o

segundo lavado respectivamente. Remedio: Aumentar el tiempo de lavado, temperatura y/o flujo de agua.

● **Dominante magenta en una copia oscura**
Causa: Primer revelado insuficiente.
Remedio: Comprobar las instrucciones referentes al tiempo, temperatura, dilución y agitación correctas.

● **Dominante azul en las zonas de sombras**
Causa: Revelado insuficiente del color.
Remedio: Comprobar las instrucciones referentes al tiempo, temperatura, dilución y agitación correctos.

● **Zonas de luces altas veladas, con poco contraste**
Causa: Blanqueado/fijado insuficientes; primer revelado contaminado.
Remedio: Comprobar las instrucciones. Preparar una nueva disolución de revelado.

GLOSARIO

ABERTURA Orifico que limita la cantidad de luz que llega a la película y, por tanto, la intensidad de la imagen. En algunas cámaras, la medida de la abertura es fija; en otras es un orificio en un mecanismo denominado DIAFRAGMA, cuyo diámetro puede variarse. En un diafragma de iris, la abertura puede cambiar de tamaño de manera continua, mientras que los de placa posicionable (actualmente en desuso) tienen una serie de agujeros de distintos tamaños. Los fotógrafos usan generalmente el término abertura para referirse al NÚMERO F del diafragma.

ABERRACIÓN Conjunto de defectos inherentes a las imágenes de las lentes. La aberración incluye el ASTIGMATISMO, la DISTORSIÓN EN BARRIL, el COMA, la ABERRACIÓN ESFÉRICA y la ABERRACIÓN CROMÁTICA. Las LENTES COMPUESTAS reducen al mínimo la aberración.

ABERRACIÓN CROMÁTICA Incapacidad de una lente de enfocar diferentes colores en un mismo plano focal.

ABERRACIÓN ESFÉRICA Defecto de las lentes que produce una imagen poco definida. Es causada por la mayor refracción que sufren los rayos que pasan por la parte exterior de la lente que los que pasan por las partes centrales, razón por la cual no todos los rayos llegan exactamente al mismo foco.

ABLANDADORES DEL AGUA Productos químicos que eliminan o vuelven inactivas las sales de calcio o magnesio presentes en el agua dura. Estas impurezas reaccionan con los reveladores y pueden causar problemas al depositarse en la película.

ACELERADOR Álcali que incrementa la velocidad de los líquidos de revelado.

ACOPLADOR Producto químico responsable de la correcta coloración de los tintes durante el revelado de una fotografía en color. El acoplador puede ir incorporado al revelador o a la emulsión.

ACOPLAMIENTO DE RÓTULA Tipo de acoplamiento del trípode que permite fijar la cámara con el ángulo requerido, apretando un solo tornillo de presión. Ver también PANORAMIZADOR.

ACUTANCIA Medida objetiva de la nitidez de la imagen, que depende de la brusquedad de los cambios de tono en los perfiles de la imagen.

AERÓGRAFO Instrumento usado por los fotógrafos para retocar fotografías. Se basa en un chorro de aire a presión controlado para esparcir pintura o tinta pulverizadas.

AMPLIACIÓN Copia fotográfica más grande que la imagen original en la película. Ver también COPIA POR CONTACTO.

AMPLIADORA DE CÁTODO FRÍO Tipo de ampliadora que usa como fuente de luz un tubo fluorescente especial con baja temperatura de trabajo. Su iluminación uniforme es particularmente adecuada para trabajos en grandes formatos.

ANALIZADOR DE COLOR Instrumento electrónico que indica el filtrado correcto para la fotografía en color.

ÁNGULO DE VISIÓN Ángulo con el vértice en el PUNTO NODAL posterior del objetivo y abarcado por la diagonal de la película. Generalmente se usa para indicar el ángulo más abierto que admite un objetivo dado. Cuanto mayor es la DISTANCIA FOCAL, menor es el ángulo de visión. Ver también PODER DE COBERTURA.

ANILLO DE INVERSIÓN Accesorio para cámara fotográfica que permite volver el objetivo, invirtiendo sus caras. Se utiliza en tomas muy cercanas o macro para obtener imágenes de mejor calidad y mayor aumento.

ANILLOS DE NEWTON Pequeños y múltiples anillos multicolores que aparecen cuando dos superficies transparentes se superponen y su ajuste no es perfecto. Esta imagen se debe al efecto de interferencia, y puede crear problemas cuando un negativo o una diapositiva se coloca entre dos cristales o plásticos.

APOYATURA Técnica que se emplea para asegurar la mejor exposición posible. Consiste en tomar varias fotos del mismo motivo con varios ajustes ligeramente distintos. Se conoce también como exposición escalonada.

ASA Siglas de la *American Standards Association*, organización americana de normalización que estableció uno de los sistemas más utilizados para evaluar la sensibilidad de una emulsión. Una película de 400 ASA es dos veces más rápida que una de 200 ASA, y cuatro veces más que una de 100 ASA. Ver también ISO y DIN.

ASTIGMATISMO Incapacidad de una lente de enfocar líneas verticales y horizontales en el mismo plano focal. Las lentes corregidas se denominan «anastigmáticas».

BAJORRELIEVE Nombre que se da en fotografía al efecto conseguido al positivar una imagen fuera de registro. Al superponer positivo y negativo ligeramente desplazados se consigue una imagen que da la impresión de haber sido esculpida como un bajorrelieve.

BÁLSAMO DEL CANADÁ Resina utilizada para pegar piezas de cristal óptico, como por ejemplo los elementos de un objetivo. Cuando se seca tiene casi el mismo índice de refracción que el cristal. Se obtiene de un abeto norteamericano.

BAÑO DE PARO Solución de trabajo ligeramente ácida que se usa en el proceso de revelado como baño intermedio entre el REVELADOR y el FIJADOR. Detiene instantáneamente la acción del revelador, al mismo tiempo que neutraliza su alcalinidad y, por tanto, evita que el fijador pierda su acidez.

BLANQUEADO Proceso químico para eliminar la plata metálica negra de una emulsión, convirtiéndola en un producto soluble.

BLANQUEAR Técnica para obtener las líneas de un dibujo a partir de una imagen fotográfica. Los perfiles de una imagen se dibujan encima de la foto con un lápiz o tinta impermeable; luego se blanquea la imagen de plata y queda limpio el dibujo.

BSI Siglas de *British Standards Institution*, organización británica de normalización que tiene un sistema independiente para determinar la sensibilidad de una emulsión, similar al ASA. El sistema BSI se emplea más en la industria que en fotografía de estudio.

BURBUJAS DE AIRE Pequeñas acumulaciones de aire que quedan adheridas a la superficie de la emulsión durante el revelado y que impiden una acción química uniforme. Se eliminan por agitación.

CABLE DISPARADOR Accesorio utilizado para reducir vibraciones en la cámara cuando se dispara el obturador, especialmente cuando la cámara está sostenida por un trípode y se requiere una exposición relativamente larga. Consiste en un fino cable de corta longitud fijado por un extremo al botón de disparo de la cámara; el cable se inserta en un tubo flexible de goma o metal y se activa mediante un pulsador.

CALOTIPO Copia realizada mediante un proceso que utilizaba papel negativo, en los inicios de la fotografía. El papel yodado se colocaba directamente en la cámara, por lo que se requería una exposición más larga. El proceso fue patentado por Fox Talbot en 1841, pero, con la aparición del PROCESO DEL COLODIÓN, cayó en desuso. Se conoce también como Talbotipo.

CÁMARA AUTOMÁTICA Cámara en la cual la exposición se selecciona sin necesidad de ajustar ningún mando de control. Una cámara semiautomática requiere una preselección de la velocidad de disparo o la abertura.

CÁMARA DE ESTUDIO Cámara de gran formato utilizada en los estudios fotográficos. El sistema visor consiste en un cristal esmerilado situado en el respaldo de la cámara en el que se compone y enfoca la imagen antes de colocar la placa de material sensible. El portaobjetivos y el respaldo están unidos por un FUELLE que permite una gran variedad de MOVIMIENTOS DE LA CÁMARA.

CÁMARA OSCURA Sistema óptico, conocido antes del advenimiento de la fotografía, que emplea un agujero o una lente para proyectar una imagen en la pantalla. Una forma de cámara oscura diseñada para auxiliar a los artistas es la antecesora de la cámara moderna.

CÁMARA PANORÁMICA Diseño especial de cámara cuyo objetivo se mueve durante la exposición siguiendo un arco e impresiona una porción más larga de película.

CÁMARA RÉFLEX Denominación genérica para designar un tipo de cámaras cuyo sistema visor emplea un espejo para proyectar o reflejar la imagen en una pantalla de enfoque.

CÁMARA RÉFLEX DE DOS OBJETIVOS (TLR) Cámara provista de dos objetivos de la misma distancia focal. Un espejo fijo refleja la imagen en un cristal esmerilado que sirve de visor. Estas cámaras están sujetas a error de PARALAJE, especialmente a cortas distancias, debido a la separación existente entre el objetivo principal y el que forma la imagen en el visor. Ver también CÁMARA RÉFLEX DE UN OBJETIVO.

CÁMARA REFLEX DE UN OBJETIVO (SLR) Uno de los tipos de cámara más populares. Su nombre procede del sistema de visión que utiliza, que permite al usuario ver la imagen que produce el mismo objetivo que sirve para tomar la fotografía. Un espejo oscilante refleja la imagen sobre la pantalla del visor, en la que se compone y enfoca la fotografía. En el momento del disparo, el espejo bascula y deja pasar la luz que impresionará la película.

CÁMARA SUBMINIATURA Cámara que utiliza película de 16 mm para obtener negativos de 13 × 18 mm.

CARGADOR DE PELÍCULA Aparato para manejar película comprada en grandes bobinas que necesita ser cortada y cargada en carretes. Tiene capacidad para unos 30 metros de película.

CARTUCHO Contenedor de plástico para película fotográfica usado en los formatos 126 y 110 mm. La película se enrolla desde un carrete hacia un segundo carrete dentro del cartucho.

CÉLULA CdS Célula fotosensible incorporada en cierto tipo de fotómetros; un resistor de sulfuro de cadmio regula la corriente eléctrica. Ver también CÉLULA DE SELENIO.

CÉLULA DE SELENIO Uno de los tipos más importantes de célula fotoeléctrica usados en los fotómetros. Produce una corriente eléctrica de intensidad proporcional a la intensidad de la luz que recibe.

CÉLULA FOTOELÉCTRICA Célula sensible a la luz usada en el circuito de un fotómetro. Algunos tipos de célula fotoeléctrica generan una corriente eléctrica cuando son estimulados por la luz, otros reaccionan cambiando su resistencia al paso de la corriente eléctrica.

CÍRCULO DE DIFUSIÓN Disco de luz en la imagen producido por un objetivo cuando un punto del objeto no está perfectamente enfocado. El ojo no puede distinguir entre un círculo de difusión muy pequeño (de menos de 0,25 mm de diámetro) y un verdadero punto.

COLORES PRIMARIOS En el POSITIVADO ADITIVO DEL COLOR: azul, verde y rojo. La luz de dichos colores puede mezclarse para dar luz blanca o de cualquier otro color.

COLOR SATURADO Color puro sin ninguna mezcla de gris.

COMA Defecto de las lentes que provoca puntos de luz fuera del eje, que aparecen, no como puntos, sino como discos con cola parecidos a los cometas.

CONDENSADOR Sistema óptico consistente en una o dos lentes planoconvexas (plana por un lado y curvada hacia afuera por el otro), utilizado en la ampliadora o en un proyector de diapositivas para concentrar la luz procedente de un foco y dirigirla al negativo o a la diapositiva. Este sistema incrementa el contraste en la copia y permite reducir el tiempo de exposición.

CONO Accesorio de forma cónica que se acopla a un proyector de estudio para dirigir la luz.

CONTROL POR TIRISTOR Dispositivo de flash que se utiliza para conservar la energía no consumida y permite una recuperación más rápida y más económica de la unidad de flash.

CONVERGENCIA VERTICAL Apariencia de distorsión de las líneas verticales en una imagen, producidas cuando la cámara enfoca hacia arriba. Los objetos altos como los edificios parece inclinarse hacia atrás. Este efecto puede corregirse parcialmente en el laboratorio o mediante MOVIMIENTOS DE LA CÁMARA.

CONVERTIDOR Lente auxiliar que se coloca normalmente entre el objetivo principal y el cuerpo de la cámara y que da como resultado una DISTANCIA FOCAL combinada mayor que la nominal del objetivo. La mayor parte de los convertidores multiplican la distancia focal por un factor de dos o tres.

COPIA POR CONTACTO Positivo del mismo tamaño que el negativo, que se obtiene superponiendo el negativo directamente en contacto con el papel.

CROMOGÉNICO Literalmente, «formador de colores». Las películas y papeles cromogénicos son aquellos materiales en los que la imagen final está hecha de colorantes formados durante el procesado y no de plata metálica.

CROMOPÁTICO Ver PROCESO DE DESTRUCCIÓN DE COLORANTES.

CHASIS Llamado también carrete. Contenedor para película de 35 mm. Una vez expuesta la película se enrolla otra vez en el eje del chasis antes de abrir la cámara.

D-MAX Acrónimo de densidad máxima. La máxima densidad para la cual es apta una emulsión.

DAGUERROTIPO Método fotográfico ya en desuso que consistía en una lámina de cobre recubierta con plata pulverizada y sensibilizada con yoduro de plata. La imagen se revelaba con vapor de mercurio y daba directamente un positivo. El proceso fue introducido por Louis Daguerre en 1839 y fue el primero comercialmente viable.

DENSIDAD Poder de absorción de una imagen fotográfica. Para su medición se usa una escala logarítmica: el 50% de absorción se expresa como 0.3, el 100% se expresa como 1, etc. En términos generales la densidad es simplemente la opacidad del negativo o la negrura del positivo.

DIAFRAGMA Mecanismo que se utiliza para controlar la cantidad de luz que incide en el negativo al tomar una fotografía. Consiste en un dispositivo de cuchillas ajustables que forma un agujero poligonal de tamaño variable.

DIAFRAGMAR Término coloquial para indicar la reducción de la abertura del diafragma.

DIAPOSITIVA Sinónimo de TRANSPARENCIA.

DIFRACCIÓN Fenómeno que se observa cuando la luz pasa cerca del borde de un cuerpo opaco o a través de una abertura estrecha. La luz es ligeramente desviada dando lugar a modelos de interferencia que, en ocasiones, puede observarse a simple vista como borrones. El efecto es perceptible ocasionalmente en fotografía, por ejemplo cuando se usa una abertura muy pequeña.

DIN Siglas de *Deutsche Industrie Norm*, organización alemana de normalización que creó uno de los sistemas más difundidos para determinar la sensibilidad de una emulsión (ver también ASA). En el sistema DIN, cada incremento de 3 unidades indica que la sensibilidad de la emulsión se ha doblado. 21 DIN equivalen a 100 ASA. Ver también ISO.

DISOLUCIÓN DE TRABAJO Baño de trabajo diluido a la concentración adecuada para el material fotográfico. La mayor parte de los productos químicos se suministran y almacenan en soluciones base concentradas, tanto para ahorrar espacio como para evitar que se alteren por oxidación.

DISTANCIA FOCAL Distancia existente entre el centro óptico del objetivo y el punto focal en la que se reúnen después de refractados los rayos de luz que inciden en el objetivo, paralelos al eje óptico. En general cuanto mayor es la distancia focal de un objetivo, menor es su ÁNGULO DE VISIÓN.

DISTORSIÓN EN BARRIL Defecto de la lente que se caracteriza por la distorsión de las líneas rectas en los bordes de una imagen, que se curvan hacia el interior en las esquinas.

DOMINANTE Ver DOMINANCIA.

DURABILIDAD Los materiales fotográficos tienen una vida efectiva que viene determinada inicialmente por la efectividad del procesado y, en fotografías en color, por la estabilidad de los tonos en las capas de emulsión. El proceso de lavado es esencial para eliminar todas las trazas de los componentes de plata, que pueden alterar el aspecto de la imagen. El montaje de copias en seco es el más duradero, ya que no introduce productos químicos, potencialmente nocivos, en la parte posterior de la copia. Las imágenes en color son menos duraderas que las de blanco y negro, y son especialmente susceptibles a la luz directa del sol, por lo que deben guardarse en un lugar fresco o en forma de NEGATIVOS DE SEPARACIÓN.

EFECTO CALLIER Fenómeno que relaciona el mayor contraste producido por las ampliadoras que utilizan un sistema condensador que el de las que emplean un sistema difusor. Este efecto, investigado por primera vez por André Callier en 1909, se explica por el hecho de que la luz, enfocada por el condensador en el objetivo de la ampliadora, es parcialmente difundida por el negativo antes de que alcance el objetivo. Puesto que las zonas más densas del negativo difunden la mayor parte de la luz, el contraste se incrementa. Por otra parte, en una ampliadora con difusor, todas las zonas del negativo dan lugar a la misma cantidad de difusión.

EFECTO DE INTERMITENCIA Fenómeno que se observa cuando una emulsión recibe una serie de exposiciones breves. La densidad de la imagen así producida es menor que la que se obtiene al exponer una sola vez la emulsión durante la misma cantidad de tiempo que la suma de las exposiciones cortas.

EFECTO HALO Fenómeno caracterizado por una banda en forma de halo alrededor de la imagen revelada de una fuente de luz brillante. Es causado por la reflexión interna de la luz sobre el soporte de la emulsión (el papel de la copia o la capa base de la película).

EFECTO SABATTIER Inversión parcial de una imagen fotográfica como resultado de una segunda exposición a la luz durante el revelado. También se conoce con el nombre de SOLARIZACIÓN o, más exactamente, pseudosolarización.

EFECTOS DE BORDE Fenómeno del revelado caracterizado por el incremento de contraste en los límites de las áreas con densidades notablemente distintas. Este efecto tiene lugar cuando el revelador se agota rápidamente en las zonas expuestas y es reemplazado por el revelador en mejor estado proveniente de las áreas adyacentes. De esta forma la zona expuesta con más intensidad resulta más revelada que el promedio para dicha zona (el revelador en mejor estado es desplazado y penetra escasamente en la zona), mientras que la zona menos expuesta se ve sometida con menos intensidad a la acción del revelador, ya que el potencial de éste es menor en el borde del área. El incremento de nitidez resultante produce un efecto, algunas veces deseado llamado ACUTANCIA. Ésta puede enfatizarse usando un revelador que se agote rápidamente y eliminando la agitación.

EJE ÓPTICO Línea imaginaria de simetría que pasa por el centro óptico de un sistema de lentes.

ELEVACIÓN VERTICAL Uno de los principales MOVIMIENTOS DE LA CÁMARA de estudio. El objetivo se mueve verticalmente en un plano paralelo al del negativo. Es especialmente importante en la fotografía de arquitectura, ya que el desplazamiento del objetivo hacia arriba permite al fotógrafo tomas de edificios altos sin distorsión de las líneas verticales. Ver también CONVERGENCIA VERTICAL.

EMULSIÓN Capa sensible a la luz de todo material fotográfico. Está compuesta esencialmente de cristales de haluro de plata suspendidos en gelatina.

ENDURECEDOR Producto químico utilizado para reforzar la gelatina de una emulsión contra los daños físicos.

ENFOQUE DIFERENCIAL Técnica que implica el uso de una PROFUNDIDAD DE CAMPO pequeña para realzar la ilusión de profundidad y volumen en una fotografía. Es muy útil para desdibujar los elementos no deseados.

ENFOQUE ZONAL Técnica que consiste en preseleccionar la abertura y el enfoque de la cámara de modo que la zona en que se supone está el objeto quede cubierta por la PROFUNDIDAD DE CAMPO.

ENMASCARAMIENTO Término que describe las distintas maneras de evitar que la luz alcance áreas escogidas de una imagen con diversas finalidades. Algunas ampliadoras, por ejemplo, incorporan instrumentos de apantallamiento para cortar el paso de la luz desviada al pasar cerca del negativo o transparencia. Por debajo del objetivo de la ampliadora se coloca un marginador para determinar las medidas y proporciones de la copia y para mantener plano el papel.

ENTONACIÓN ALTA Contenido predominante de tonos claros.

ENTONACIÓN BAJA Contenido predominante de tonos oscuros.

ESMALTADO Proceso por el que se da a las copias en papel liso un acabado brillante, secándolas en contacto con la superficie pulida y caliente de un tambor o plancha de acero cromado o inoxidable. Este proceso recibe también el nombre de abrillantado.

ESPECTRO Banda multicolor que se obtiene

al descomponer la luz en las distintas longitudes de onda que la componen, del mismo modo que un prisma descompone la luz blanca en los colores del iris. El término puede referirse también a la gama completa de las radiaciones electromagnéticas, desde las más cortas hasta las más largas, incluyendo la luz visible.

ESTABILIZACIÓN Proceso químico para estabilizar los haluros de plata no expuestos en las fotografías. Sustituye al fijado y al lavado cuando la rapidez del proceso es más importante que la conservación.

ESTENOSCOPIO Cámara sencilla dotada de un orificio muy pequeño en lugar de un objetivo para obtener la imagen. Estas cámaras se utilizan principalmente para demostrar que la luz se transmite en línea recta, pero con ella puede también tomarse fotografías, en cuyo caso recibe el nombre de estenógrafo.

EXPOSICIÓN La suma total de luz que llega al material sensible durante la formación de la IMAGEN LATENTE. La exposición depende de la luminosidad de la imagen, de la abertura del objetivo y del tiempo que el material esté expuesto a la luz.

EXPOSICIÓN ESCALONADA
Ver APOYATURA.

EXPOSÍMETRO Instrumento para medir la intensidad de la luz con la finalidad de determinar los ajustes correctos de velocidad de obturación y abertura. Se conoce también como FOTÓMETRO de exposición.

FENIDONA Agente revelador empleado normalmente para estimular la acción de la hidroquinona en lugar del metol. Una pequeña cantidad es suficiente para conseguir buenos resultados.

FIJADOR Baño químico necesario para fijar la imagen fotográfica después de revelada. El fijador estabiliza la emulsión convirtiendo los haluros de plata no revelados en compuestos solubles en agua, permitiendo así su eliminación.

FILTRO Lámina transparente, normalmente de cristal o gelatina, usada para bloquear una parte específica de la luz que pasa a través de ella o para cambiar o distorsionar la imagen de una forma determinada.

FILTRO DE CORRECCIÓN Filtro coloreado que se coloca en el objetivo de la cámara para modificar el equilibrio zonal de una imagen en blanco y negro. Ver también FILTROS DE CORRECCIÓN DEL COLOR.

FILTRO NEUTRO Filtro gris que reduce la intensidad luminosa de la imagen sin alterar los colores. Se aplica cuando el objetivo no tiene diafragma (como los catadriópticos o de espejo) o cuando la luz es demasiado intensa para la sensibilidad de la película utilizada.

FILTRO POLARIZADOR Filtro transparente que se coloca en el objetivo para absorber la RADIACIÓN ULTRAVIOLETA, muy abundante en los días brumosos. Hasta cierto punto permite tomar fotografías entre la niebla.

FILTROS DE CONVERSIÓN DEL COLOR Filtros para la cámara imprescindibles cuando se usa película de luz de día con luz artificial o viceversa.

FILTROS DE CORRECCIÓN DEL COLOR Filtros empleados para corregir ligeras irregularidades en fuentes de luz específicas (por ejemplo, un flash electrónico). El término se usa también para designar los filtros de cian, magenta y amarillo que dan el equilibrio de color adecuado a las copias realizadas a partir de un negativo de color.

FISIOGRAMA Imagen fotográfica del dibujo trazado por una fuente de luz suspendida en un péndulo. El dibujo depende de la complejidad y la disposición del péndulo.

FLASH ABIERTO Técnica en la que se dispara el flash manualmente, con el obturador abierto, en lugar de sincronizar el disparo del flash con la abertura del obturador.

FLASH ANULAR Tipo de flash electrónico que se coloca alrededor del objetivo. Produce una luz plana sin sombras que resulta apropiada para las tomas cercanas o macro. La imagen resultante es suave y sin contrastes.

FLASH ELECTRÓNICO Tipo de flas cuya luz se produce mediante una descarga eléctrica de alto voltaje entre dos electrodos en un tubo lleno de gas. Ver también LÁMPARA DE FLASH.

FLASH INDIRECTO Luz difusa conseguida

dirigiendo el flash a las paredes o al techo para evitar las sombras duras que se producen si la luz se apunta directamente al objeto.

FLASH REBOTADO Flash indirecto.

FOCO SUAVE Ligera difusión de la imagen obtenida con un filtro adecuado, u otro sistema parecido, que suaviza la definición. Los efectos de enfoque difuso se emplean normalmente para conseguir fotografías delicadas y románticas.

FORMATO Dimensiones de la imagen registrada en una película por un tipo de cámara dado. El término también puede referirse a las dimensiones de un positivo.

FORZADO Técnica que consiste en tomar fotografías ajustando los controles de la cámara como si la película tuviera una sensibilidad mayor de la que tiene; posteriormente se alarga el revelado para aumentar su velocidad efectiva o incrementar el contraste.

FOTOGRAMA Imagen fotográfica obtenida colocando objetos sobre una hoja de papel sensible o sobre una película de manera que produzcan sombras directamente sobre el material cuando se exponen a la luz. Así la imagen se consigue sin necesidad de emplear lentes. El término se usa también en cine para designar cada uno de los clichés que dan lugar a la imagen animada.

FOTÓMETRO Instrumento para medir la intensidad de la luz comparándola con una fuente de luz estándar. Ver también EXPOSÍMETRO.

FOTÓMETRO DE CAMPO REDUCIDO Fotómetro de punto.

FOTÓMETRO DE MEDICIÓN CENTRAL Tipo de fotómetro incorporado en ciertas cámaras réflex. La lectura está más influida por la intensidad de la luz en el centro de la imagen.

FOTÓMETRO DE PUNTO Tipo especial de fotómetro que mide la luz en un ángulo muy estrecho; en algunas clases de FOTÓMETRO TTL la medición puede efectuarse a partir de sólo una pequeña sección del centro de la imagen que se forma en el visor.

FOTÓMETRO TTL Fotómetro incluido en el cuerpo de la cámara que mide la intensidad de la luz en la imagen producida por el objetivo. Se utiliza en las más sofisticadas CÁMARAS RÉFLEX DE UN OBJETIVO.

FOTOMICROGRAFÍA Técnica para tomar fotografías a través de la lente de un microscopio, y que se emplea para conseguir aumentos mayores que los que se obtienen mediante los OBJETIVOS MACRO.

FUELLE Cubierta plegable ligera y compacta, de tela plisada, utilizada en ciertas cámaras para unir el objetivo al cuerpo del aparato.

GELATINA Materia coloidal que sirve de medio de sostén a la emulsión de la película y del papel fotográfico; también se utiliza en algunos tipos de FILTRO.

GRANO Textura granular que aparece en alguna medida en todos los materiales fotográficos procesados. En las fotografías en blanco y negro el grano consiste en diminutas partículas de plata metálica negra que constituyen las zonas oscuras de la foto. En las fotografías en color la plata se elimina mediante un proceso químico, pero la apariencia granulosa se mantiene merced a pequeñas manchas de tinta. Cuanto mayor es la velocidad de la película, menor es el grano. Puede servir para conseguir efectos pictóricos.

GRANULOSIDAD Medición objetiva del tamaño del grano.

HALÓGENOS Grupo de elementos químicos, entre los que se incluyen el cloro, el yodo y el bromo. La importancia de estos elementos en fotografía reside en sus compuestos de plata, que forman las sustancias sensibles a la luz en todos los materiales fotográficos. Ver también HALURO DE PLATA.

HALURO DE PLATA Compuesto químico de plata con algún halógeno (por ejemplo yoduro o bromuro de plata). El producto sensible a la luz que más se utiliza en fotografía es el bromuro de plata.

HIPOSULFITO Nombre popular para designar el tiosulfato de sodio, fijador universal que actúa mediante la disolución de los haluros de plata no deseados. Un eliminador de hiposulfito es un agente oxigenante que lo reduce a sulfato de sodio, totalmente inofensivo, asegurando la eliminación total del fijador.

HOLOGRAFÍA Técnica mediante la cual se registra información sobre una placa fotográfica en forma de modelo de interferencia, el cual puede visualizarse, en condiciones adecuadas, como imagen tridimensional. La holografía tiene poca relación con la fotografía tradicional, excepto en que usa una película sensible a la luz.

HUMECTANTE Producto químico que reduce la tensión superficial del agua. Se emplea para evitar las burbujas de aire que pueden producirse durante el revelado; también se usa en el aclarado final, especialmente en los negativos, para evitar las manchas de secado.

ILUMINACIÓN AUXILIAR Iluminación utilizada para complementar la fuente de luz principal y aclarar las sombras.

IMAGEN LATENTE Imagen invisible registrada en la emulsión fotográfica como resultado de su exposición a la luz. La imagen latente se convierte en imagen visible mediante la acción del REVELADOR.

IMAGEN REAL En óptica se da este nombre a aquella imagen que puede proyectarse en una pantalla, como contraste con la IMAGEN VIRTUAL. Los rayos de luz pasan a través de ella realmente antes de llegar al ojo del observador.

IMAGEN VIRTUAL En óptica, imagen que no puede proyectarse en una pantalla. La imagen virtual es vista por el observador desde una posición que parece que los rayos de luz hayan atravesado, sin haberlo hecho realmente. Ver también IMAGEN REAL.

IRRADIACIÓN Dispersión interna de la luz en la emulsión fotográfica durante la exposición, producida por la reflexión en los cristales de algún HALURO DE PLATA.

ISO Siglas de *International Standards Organization*, sistema internacional de normalización cuyas unidades sirven para calibrar la sensibilidad de una emulsión; en la actualidad está sustituyendo a los sistemas ASA y DIN. 100 ASA equivalen a 100 ISO.

JULIO Unidad de energía del Sistema Internacional (SI) de Medidas. En fotografía se usa el julio para indicar la potencia de un flash electrónico.

KELVIN (K) Unidad de temperatura del SI. La escala Kelvin empieza en el 0 absoluto (−273 °C) y aumenta en grados de la misma magnitud que los centígrados. Los grados kelvin se utilizan en fotografía para indicar la TEMPERATURA DE COLOR.

LÁMPARA DE FLASH Bombilla recambiable con un filamento muy fino de metal que se quema muy rápidamente, dando una breve llamarada de luz suficiente para tomar una fotografía. La mayoría tiene un recubrimiento de plástico azul que da al flash una TEMPERATURA DE COLOR cercana a la de la luz de día.

LÁMPARA DE MERCURIO Tipo de fuente luminosa utilizada en fotografía de estudio que da una luz azulada. La luz se produce por el paso de una corriente eléctrica a través de un tubo lleno de vapor de mercurio.

LÁMPARA FLOOD Bombilla de Filamento de tungsteno que da una luz muy brillante, usada en fotografía como fuente de luz artificial. Estas bombillas están sobrevoltadas, por lo que tienen una vida muy corta.

LÁSER Siglas de *Light Amplification by Estimulated Radiation* (Amplificación de Luz por Emisión Estimulada de Radiación). Instrumento para producir un haz intenso de luz coherente, es decir, de un solo color muy puro. Se emplea en la producción de hologramas. Ver HOLOGRAFÍA.

LATENSIFICACIÓN Intensificación de la imagen latente. Técnica utilizada para aumentar la velocidad real de una película, velándola, bien sea por medios químicos o con luz, entre la exposición y el revelado.

LATITUD DE EXPOSICIÓN Tolerancia de un material fotográfico a las variaciones de exposición.

LENTE CONVERGENTE Lente más ancha en el centro que en los extremos. El nombre deriva de la capacidad de dichas lentes para obligar a los rayos de luz paralelos a converger en un foco, produciendo la imagen.

LENTE DE APROXIMACIÓN Lente

positiva simple que se coloca delante del objetivo normal para aumentar la imagen. Se emplea normalmente para tomas a poca distancia. La potencia de las lentes de aproximación se mide en dioptrías. También son conocidas como lentes suplementarias.

LENTE DE FRESNEL Lente cuya superficie consiste en una serie de escalones circulares cilíndricos, cada uno con la forma semejante a parte de la superficie de una lente convexa. Las lentes de Fresnel se utilizan a menudo en las pantallas de enfoque de los visores de las cámaras SLR.

LENTE DIVERGENTE Cualquier lente que sea más gruesa en los bordes que en el centro. Dichas lentes obligan a los rayos de luz a diverger, formando una imagen en el mismo lado de la lente que el objeto.

LENTE NEGATIVA Lente divergente.

LENTE POSITIVA Lente convergente.

LEY DE LA INVERSA DE LOS CUADRADOS Ley que establece que, para un punto emisor de luz, la intensidad de iluminación disminuye con el cuadrado de la distancia al emisor; es decir, que cuando la distancia se duplica, la iluminación se reduce a la cuarta parte.

LEY DE RECIPROCIDAD Principio por el cual se establece que la densidad de la imagen formada cuando se revela una emulsión es directamente proporcional a la duración de la exposición y a la intensidad de la luz. No obstante, con tiempos de exposición muy cortos o muy largos y con intensidades de luz extraordinarias, esta ley deja de cumplirse y se obtienen resultados imprevistos.

LÍNEA DE MACKIE Línea que aparece alrededor de las luces altas en una emulsión de haluros de plata. Se produce por la difusión lateral del revelador agotado que causa los EFECTOS DE BORDE. Ver también EFECTO SABATTIER.

LÍNEAS VERTICALES CONVERGENTES Ver CONVERGENCIA VERTICAL.

LONGITUD DE ONDA Distancia entre dos puntos de igual fase en una onda. Por ejemplo, la distancia entre dos senos o dos crestas sucesivas.

LUCES ALTAS Zonas de la máxima iluminación de un objeto y sus zonas correspondientes en la imagen. En el negativo, estas zonas son las de máxima intensidad.

LUZ ACTÍNICA Luz capaz de afectar al material fotográfico. Con película ordinaria, la luz visible y algún tipo de luz ultravioleta son actínicas, mientras que la infrarroja no lo es.

LUZ DE SEGURIDAD Lámpara de laboratorio cuya luz (roja o naranja) no vela algunos materiales fotográficos. La luz roja no permite trabajar con todos los materiales sensibles; algunos requieren luces de seguridad especialmente diseñadas para ellos.

LUZ INCIDENTE Luz que cae sobre un objeto. Al fotografiar un objeto deben tomarse lecturas de la luz incidente y no de la reflejada.

LUZ POLARIZADA Luz cuyas vibraciones electromagnéticas oscilan en un solo plano. En condiciones normales, la luz no está polarizada, y sus vibraciones electromagnéticas oscilan en planos diferentes. La luz reflejada por las superficies brillantes no metálicas, que impide ver los detalles y colores, está polarizada y puede ser controlada o eliminada mediante un FILTRO POLARIZADOR.

MACROFOTOGRAFÍA Fotografía cercana con la que se obtiene un aumento de la imagen comprendido entre el tamaño real y diez veces aproximadamente éste.

MANCHAS DE SECADO Manchas en la emulsión resultantes de un secado desigual. También, residuos que quedan sobre la película después de que el agua de lavado se haya evaporado.

MATIZ TONO CROMÁTICO Cualidad que diferencia entre sí los colores de la misma saturación o luminosidad; la calidad, por ejemplo, de rojo o verde.

MEDIO FORMATO Formato de película que mide 18 × 24 mm, la mitad del formato de la película de 35 mm.

MICROFOTOGRAFÍA Técnica utilizada para copiar documentos, mapas, etc. en una película de formato muy pequeño, de manera que se pueda almacenar una gran cantidad de información en un espacio sumamente reducido. Este término se emplea también para designar la técnica de tomar fotografías a través de un microscopio, también conocida como FOTOMICROGRAFÍA.

MICROPRISMA Tipo especial de pantalla de enfoque compuesta por una parrilla de prismas pequeños, incorporado a menudo en los visores de las cámaras SLR. El microprisma da una imagen fragmentada cuando no está bien enfocada.

MIRED Acrónimo de *Micro-Reciprocal Degree*. Unidad de una escala de TEMPERATURA DE COLOR que se usa para valorar los FILTROS DE CORRECCIÓN DEL COLOR. El valor en mired de una luz viene dado por: un millón partido por la TEMPERATURA DE COLOR en grados Kelvin.

MONTAJE Imagen fotográfica compuesta, realizada a partir de distintas fotografías y que se consigue por un ensamblaje físico o mediante ampliaciones sucesivas de una misma hoja de papel sensible.

MONTAJE EN SECO Método para montar fotos sobre una cartulina usando una película adhesiva sensible al calor.

MOTOR DE AVANCE Accesorio para cámaras, alimentado por baterías, empleado para enrollar la película después de cada disparo. Hace posible obtener variar imágenes por segundo.

MOVIMIENTOS DE LA CÁMARA Ajuste de las posiciones relativas de objetivo y película, con lo que puede controlarse la geometría de la imagen. Una característica de las cámaras de estudio es su amplio juego de movimientos. Algunas cámaras de menor formato permiten movimientos limitados. Existen también objetivos que ofrecen las mismas posibilidades para cámaras de 35 mm.

NEGATIVO Imagen en la cual los tonos claros están registrados como oscuros y viceversa. En los negativos de color, cada color de la imagen original está representado por su complementario.

NEGATIVO DE SEPARACIÓN Negativo que registra uno de los tres colores primarios de un objeto, o, más frecuentemente, una transparencia con imagen de plata. En reproducción fotomecánica se produce un conjunto de tres negativos de separación, registrando los componentes rojo, verde y azul, junto con un negativo que registra los tonos de toda la escena. Se usan para producir las cuatro matrices de los colores magenta, cian, amarillo y negro.

NÚMERO F Número que resulta de dividir la distancia focal de un objetivo por el diámetro de la abertura. La secuencia de número f, normalmente marcada en el anillo o mando del diafragma, se emplea para calibrar la abertura en intervalos regulares entre las posiciones mayor y menor. El número f sigue normalmente una secuencia tal que el intervalo entre un número y el próximo representa doblar o dividir por dos la iluminación de la imagen. Como el número f representa fracciones, los números crecen a medida que se reduce la abertura.

NÚMERO GUÍA Número que indica la potencia efectiva de una unidad de flash. Para una película con una sensibilidad dada, la división entre el número guía y la distancia del flash al objeto da como resultado el NÚMERO F adecuado.

OBJETIVO ANAMÓRFICO Tipo especial de objetivo que reduce la imagen en una sola dimensión mediante elementos cilíndricos o prismáticos. La imagen puede recomponerse usando un objetivo similar para reproducir o proyectar.

OBJETIVO COMPUESTO Objetivo con más de una lente, diseñado de tal modo que los fallos de los distintos elementos se contrarrestan unos a otros.

OBJETIVO CONVERTIBLE Objetivo compuesto consistente en dos objetivos ensamblados que pueden usarse separada o conjuntamente. Las dos secciones tienen normalmente distancias focales distintas, permitiendo tres combinaciones distintas.

OBJETIVO DE AMPLIADORA Lente altamente corregida diseñada especialmente para trabajos de ampliación.

OBJETIVO DE ESPEJO Objetivo de gran distancia focal de diseño extremadamente compacto cuya construcción está basada en una combinación de lentes y espejos curvos. Los rayos de luz procedentes del objeto son reflejados en uno y otro sentido dentro del cuerpo del objetivo antes de alcanzar la película.

OBJETIVO DE FOCO FIJO Objetivo permanentemente enfocado, normalmente a una distancia hiperfocal. Las cámaras más baratas utilizan este sistema, dando imágenes enfocadas desde dos metros aproximadamente hasta el infinito.

OBJETIVO DE FOCO LARGO Objetivo de distancia focal mayor que la de los OBJETIVOS ESTÁNDAR para un formato dado. Los objetivos de foco largo tienen un ángulo de visión pequeño y, por tanto, hacen que los objetos lejanos parezcan más cercanos. Ver también TELEOBJETIVO.

OBJETIVO ESTÁNDAR Objetivo de distancia focal aproximadamente igual a la diagonal del negativo para el cual está pensado. En el caso de las cámaras de 35 mm, el objetivo estándar tiene una distancia focal comprendida entre 50 y 55 mm, ligeramente mayor que la diagonal del negativo de formato entero (unos 43 mm).

OBJETIVO GRAN ANGULAR Objetivo de distancia focal más corta que los OBJETIVOS ESTÁNDAR y por tanto con mayor ÁNGULO DE VISIÓN.

OBJETIVO MACRO Concretamente, objetivo capaz de dar una proporción de ampliación de 1:1 (tamaño real). El término se usa generalmente para describir cualquier objetivo de fotografía cercana. Los objetivos macro se emplean también en fotografía normal.

OBJETIVO NORMAL Objetivo estándar.

OBJETIVO OJO DE PEZ Objetivo con un ángulo de visión extremadamente ancho, aproximadamente de 180°. Puesto que su PROFUNDIDAD DE CAMPO es casi infinita, no hay necesidad de enfocarlo, pero produce imágenes altamente distorsionadas.

OBJETIVO RÁPIDO Objetivo de máxima abertura con relación a la distancia focal. La evolución del diseño y la fabricación de los objetivos determina los baremos por los cuales un objetivo se considera rápido con respecto a su distancia focal.

OBJETIVO ZOOM Objetivo de distancia focal variable cuyo plano focal permanece inalterable cuando se cambia de distancia focal. Este cambio se consigue variando la posición relativa de algunos elementos situados en el interior del objetivo.

OBTURADOR Mecanismo de la cámara que controla la duración de la exposición. Los tipos más frecuentes de obturadores son el OBTURADOR CENTRAL y el OBTURADOR DE CORTINILLA.

OBTURADOR CENTRAL Uno de los dos tipos principales de obturador. Situado cerca del diafragma, consiste en unas laminillas metálicas que se abren y se cierran al accionar el disparador, exponiendo la película.

OBTURADOR DE CORTINILLA o DE PLANO FOCAL Uno de los dos tipos más importantes de obturador, utilizado en las CÁMARAS RÉFLEX DE UN OBJETIVO. Situado detrás de la lente (aunque en la práctica ligeramente por delante del plano focal), el obturador consiste en un sistema de cortinillas o láminas metálicas. Cuando se dispara la cámara, una ranura pasa por delante de la zona de la imagen, bien sea horizontal o verticalmente. La exposición queda determinada por la anchura y velocidad de paso de la ranura.

OPACIDAD Medida de la resistencia que opone un material al paso de la luz; se expresa por la relación entre la luz incidente y la luz transmitida.

ORTOCROMÁTICO Término que designa a las emulsiones en blanco y negro insensibles al color rojo. Ver también PANCROMÁTICO.

OXIDACIÓN Reacción química en la que una sustancia se combina con el oxígeno. Los reveladores tienden a deteriorarse por la oxidación, a menos que se guarden en envases herméticos y sin aire.

PANORAMIZACIÓN Técnica en la que la cámara sigue a un objeto en movimiento para dar la impresión de velocidad. Un tiempo de exposición relativamente largo hace que la imagen del objeto móvil se impresione nítida sobre un fondo borroso. Esta técnica se denomina también toma panorámica.

PANORAMIZADOR Tipo de soporte de trípode que dispone de fijaciones independientes para dos planos situados en ángulo recto. Ello permite fijar uno de los planos mientras la cámara se mueve en el otro.

PANCROMÁTICO Término que designa las emulsiones en blanco y negro que son sensibles a todos los colores del espectro visible (esta sensibilidad no es uniforme para todos ellos). La mayor parte de las películas modernas son pancromáticas. Ver también ORTOCROMÁTICO.

PANTALLA PERLADA Pantalla de proyección frontal. La superficie de la pantalla está cubierta de diminutos granos de cristal para conseguir una imagen latente más brillante que la obtenida en una pantalla blanca lisa.

PAPEL BROMURO Papel fotográfico para ampliaciones. El ingrediente fotosensible básico de la emulsión es el bromuro de plata.

PAPEL DE CONTRASTE VARIABLE Papel fotográfico para copias sensibilizado de modo que puede dar una gama completa de grados de contraste distintos. Cada grado es activado por un filtro de color distinto en la ampliadora. El papél más conocido de este tipo es el Ilford multigrado. La emulsión especial multigrado tiene una mezcla de dos tipos de haluros de plata, una sensible a la luz azul y la otra a la verde. Exponiendo la sensible al azul se obtiene una imagen de alto contraste; exponiendo la sensible al verde se obtiene una imagen de bajo contraste. Los filtros amarillos se usan para absorber el verde y transmitir el azul. El papel multigrado puede usarse en una ampliadora con cabezal mezclador de color, pero se consigue un mejor control con los filtros multigrado especiales.

PAPEL DE CAPA DE RESINA (RC) Papel fotográfico para positivos recubierto de una capa de resina sintética para evitar que el papel base absorba agua durante el procesado. Estos papeles se lavan y se secan más rápidamente que los no tratados, pero hacen más difícil retocar las copias.

PAPEL MULTIGRADO Papel de contraste variable.

PARALAJE Desplazamiento aparente de un objeto debido a un cambio de punto de vista. El error de paralaje se nota sólo en las tomas cercanas, y es el resultado de la discrepancia que hay entre la imagen del objetivo y la imagen del visor en las cámaras que lo tienen separado del objetivo.

PARASOL Accesorio del objetivo, normalmente de goma o metal ligero que protege la lente de la luz procedente de zonas exteriores al campo de visión. Dicha luz es la causa del VELO ÓPTICO.

PELÍCULA DE LUZ DE DÍA Película de color preparada para dar el rendimiento de color adecuado a la luz diurna, es decir, cuando la TEMPERATURA DE COLOR de la fuente de luz es aproximadamente de 6.500° Kelvin. También puede usarse con FLASH ELECTRÓNICO y LÁMPARAS DE FLASH.

PELÍCULA DE DIAPOSITIVA EN COLOR Película reversible de color.

PELÍCULA DE REPRODUCCIÓN Película lenta, de grano fino y gran poder de resolución que se usa en trabajos de ampliación.

PELÍCULA LITH Película de gran contraste empleada para eliminar los tonos grises y reducir la imagen a zonas de blanco y negro puros.

PELÍCULA NEGATIVA DE COLOR Película que proporciona negativos en color para que sea positivados.

PELÍCULA REVERSIBLE Película fotográfica que cuando se revela da directamente una imagen positiva, diseñada para obtener transparencias positivas y no negativos.

PELÍCULA REVERSIBLE DE COLOR Película que da directamente positivos en color (diapositivas o transparencias). Las copias pueden realizarse asimismo a partir de una transparencia positiva.

PENTAPRISMA Prisma de cinco caras utilizado en las cámaras réflex de visor al nivel del ojo. Corrige la inversión originada por el objetivo y permite que la imagen aparezca tal como es en realidad. (En la práctica, muchos pentaprismas tienen más de cinco caras, ya que las partes no esenciales del prisma se cortan para aprovechar el espacio.)

PLANO FOCAL Plano sobre el cual un objeto dado adquiere un enfoque nítido. A efectos prácticos, el plano sobre el que se sitúa la película.

PODER DE COBERTURA Es el área más grande de imagen de calidad que produce una lente dada. El poder de cobertura de un objetivo es normalmente sólo un poco mayor que la medida estándar del negativo para el cual está diseñado, excepto en el caso de las lentes especiales para las cámaras con movimientos (ver MOVIMIENTOS DE LA CÁMARA), en las que el poder de cobertura debe ser considerablemente mayor.

PODER DE RESOLUCIÓN Propiedad de un sistema óptico para distinguir entre imágenes muy cercanas entre sí. El término se emplea para describir esta propiedad en la emulsión de una película o un papel fotográfico.

POSICIÓN B Abreviatura de «breve». Ajuste del anillo de velocidad de obturación de la cámara, en el que el obturador permanece abierto durante todo el tiempo en que el botón de disparo esté oprimido, permitiendo así exposiciones más largas que las preseleccionadas por la cámara. Ver también POSICIÓN T.

POSICIÓN IR (INFRARROJOS) Marca que se encuentra a veces en el aro de enfoque de una cámara. Indica una elevación del enfoque necesaria para la fotografía de infrarrojos. La RADIACIÓN INFRARROJA se refracta menos que la luz visible, por lo que la imagen de infrarrojos es llevada a foco ligeramente por detrás de la imagen visible.

POSICIÓN T Abreviatura de «tiempo». Señal que presentan algunos controles de obturador. Se utiliza cuando el fotógrafo quiere dejar abierto el obturador para una exposición larga. Al pulsar el disparador, el obturador se abre y permanece abierto hasta que se vuelve a pulsar el disparador. Ver también POSICIÓN B.

POSITIVADO ADITIVO DEL COLOR Uno de los métodos de filtrado de la luz de la ampliadora para obtener el color correcto en la ampliación en color. Se hacen tres exposiciones sucesivas del negativo con luz roja, verde y azul respectivamente. Ver también POSITIVADO SUSTRACTIVO DEL COLOR.

POSITIVADO COMBINADO Término general para designar técnicas en las cuales se positiva más de un negativo en una misma hoja de papel.

POSITIVADO SUSTRACTIVO DEL COLOR Es el método de filtrado más usado para positivar negativos de color. El equilibrio del color en positivo se obtiene exponiendo en el papel a través de una combinación de filtros amarillos, magenta y cian que, selectivamente, bloquean el paso de la luz excesiva de un color y evita los tonos dominantes indeseables.

POSITIVO Imagen en la que las zonas iluminadas corresponden a las zonas iluminadas del objeto, y los tonos oscuros a las áreas oscuras. En la imagen positiva de color, los colores de la imagen corresponden a los del objeto. Ver también NEGATIVO.

POSTERIZACIÓN Técnica para simplificar drásticamente los tonos de una imagen, haciendo varios negativos de un original, con diferentes contrastes y densidades, que luego se positivan superpuestos a registro.

PREDOMINANCIA Elevación general de un tono cromático determinado, que produce fotografías en color de apariencia no natural. Este efecto puede corregirse ajustando el filtrado para eliminar la dominante de color.

PROCESADO DE ALTA VELOCIDAD Método de revelar y fijar materiales fotográficos rápidamente, cuando las técnicas normales de procesado resultan demasiado lentas, por ejemplo para los periódicos. Algunos fotógrafos preparan sus propias disoluciones a partir de reveladores como los líquidos Autiphen ID11 o Microphen de Ilford, calentados justo por debajo del punto en que el velado químico puede ser nocivo. Los negativos pueden ser revelados en 20 segundos, fijados en dos minutos con un fijador rápido y secados en dos minutos. Los reveladores monobaño, que también incorporan un agente fijador, pueden revelar y fijar una película en blanco y negro en tres minutos sin extraerla del chasis y a la luz del día.

PROCESO DE DESTRUCCIÓN DE COLORANTES Sistema de formación de imágenes de color mediante la eliminación selectiva de colorantes durante el procesado. Se usa en los materiales tripack, en los que los tres colorantes están ya formados antes de la exposición. Después de la exposición se usa un agente blanqueador para destruir los colorantes en proporción a la densidad de la imagen de plata. De este modo se destruyen los colorantes en las áreas más expuestas, lo que significa que es posible producir positivos a partir de transparencias sin necesidad de invertirlas.

PROCESO DE COLODIÓN Proceso

fotográfico de lámina húmeda introducido en 1851 por F. Scott Archer que permaneció en uso hasta la década de 1880. Sustituyó a los sistemas del DAGUERROTIPO y del CALOTIPO.

PROFUNDIDAD DE CAMPO Zona de enfoque aceptable que se extiende delante y detrás del punto en que se encuentra el objeto enfocado exactamente por el objetivo.

PROFUNDIDAD DE FOCO Zona muy pequeña en la que el objetivo da la imagen y dentro de la cual no causan una diferencia apreciable en el enfoque de la imagen las pequeñas variaciones en la posición de la película.

PROYECCIÓN POR TRANSPARENCIA Proyección de diapositivas en una pantalla translúcida desde el lado contrario al que se observa, al revés de la proyección frontal.

PROYECTOR (FOCO) Término usado generalmente para designar una fuente de luz artificial que proporciona una cantidad de luz continua, utilizada en estudios fotográficos o trabajos similares. Normalmente consiste en una lámpara de filamento de tungsteno de 125-500 W montada sobre un reflector. Ver también LÁMPARA FLOOD.

PUNTO NODAL Punto de intersección entre el eje óptico de una lente compuesta y uno de los dos planos de refracción principales. Una lente compuesta tiene pues un punto nodal frontal y uno posterior. Este último es el que se toma como referencia para las mediciones básicas como la distancia focal, por ejemplo.

RADIACIÓN INFRARROJA Parte del espectro de las radiaciones electromagnéticas que tiene longitudes de onda más largas que la luz roja visible (aproximadamente entre 700 y 1.500 nanómetros). La radiación infrarroja se detecta en forma de calor, y puede reproducirse sobre un tipo especial de película fotográfica. Ver también POSICIÓN IR.

RADIACIÓN ULTRAVIOLETA Radiación electromagnética de onda más corta que el color violeta, que es el color visible de menor longitud de onda. Los rayos ultravioleta afectan en mayor o menor medida casi todas las emulsiones fotográficas. Ver también RADIACIÓN INFRARROJA.

RAYOS X Radiación electromagnética de una LONGITUD DE ONDA más corta que la del espectro visible.

REBAJADOR o REDUCTOR Producto químico utilizado para reducir la densidad de una imagen revelada y conseguir que sea uniforme en toda su superficie (sin alterar el contraste) o de un modo proporcional según la densidad (reduciendo el contraste). El reductor actúa blanqueando la imagen de plata; después del baño de rebajado, las copias deben fijarse y lavarse una vez más.

REDUCTOR DE FARMER Solución de ferricianuro potásico y tiosulfato de sodio usado en fotografía para blanquear negativos y copias.

RECUBRIMIENTO ANTIRREFLECTANTE Recubrimiento muy fino de fluoruro metálico en el cristal exterior de un objetivo que reduce la reflexión de la luz en su superficie.

REFLECTOR En fotografía, lámina de material blanco, gris o plateado que se emplea para reflejar la luz en las áreas sombreadas, normalmente en los arreglos de iluminación de estudio.

REFRACCIÓN Desviación que sufre un rayo luminoso al pasar oblicuamente de un medio a otro. El rayo se desvía en la superficie de contacto de los dos medios. Puede calcularse el ángulo de desviación a partir del índice de refracción de cada medio.

REHALOGENIZACIÓN Proceso de convertir los granos de plata metálica negra en haluros de plata. Este proceso puede emplearse también para blanquear positivos antes de virarlos. Ver también VIRADOR.

RELACIÓN DE AMPLIACIÓN Relación entre el tamaño real del objeto y el de la imagen que forma el objetivo. A veces es útil para determinar la exposición correcta tanto en fotografía cercana como en MACROFOTOGRAFÍA.

RESERVADO Técnica, conocida también como sombreado, utilizada en la realización de copias fotográficas cuando una zona de la copia necesita menos exposición que el resto. Para evitar que el área escogida reciba toda la exposición se cubre con la mano o con una cartulina. Ver también RESERVADO CON SOBREXPOSICIÓN.

RESERVADO CON SOBREXPOSICIÓN Técnica empleada en el positivado de copias cuando una pequeña zona de la imagen necesita más exposición que el resto. Después de la exposición normal, la parte principal se tapa con un cartón o con la mano, mientras que el detalle (por ejemplo una zona demasiado densa del negativo) recibe una exposición más larga.

RETICULADO Textura fina e irregular que aparece en la superficie de una emulsión que ha sido sometida a un fuerte y brusco cambio de temperatura o de la relación acidez/alcalinidad de las soluciones de revelado.

RETINA Capa de tejido sensible a la luz situada en el extremo posterior del ojo.

RETOCADO Técnica que consiste en manipular una copia o un negativo para eliminar manchas y rayaduras o para producir efectos especiales.

REVELADO FORZADO Técnica utilizada para incrementar la velocidad efectiva de una película aumentando el tiempo de revelado normal.

REVELADOR Agente químico que convierte la IMAGEN LATENTE en imagen visible. Además del producto revelador, que reduce los haluros de plata ya expuestos a plata metálica negra, la disolución de revelado contiene generalmente un acelerador (un álcali que incrementa la velocidad del revelador), un conservante (para alargar la vida del preparado) y un retardador o moderador (que ayuda a controlar el revelado evitando que el material se vele).

REVELADORES M/Q P/Q Soluciones de revelado de uso general que contienen metol e hidroquinona y fenidona e hidroquinona respectivamente.

SELECCIÓN DE TONO Técnica similar a la POSTERIZACIÓN empleada para realzar las distintas tonalidades de un positivo. Se obtiene positivando por separado las luces altas y las sombras.

SENSIBILIDAD Ver VELOCIDAD.

SISTEMA DE ZONAS Técnica para relacionar las lecturas de exposición con los valores tonales en la toma, revelado y ampliación de fotografías, popularizada por el fotógrafo Ansel Adams.

SLR Abreviatura de la expresión inglesa utilizada para designar la CÁMARA RÉFLEX DE UN OBJETIVO (Single Lens Reflex camera).

SOLARIZACIÓN Virado total o parcial de los tonos de una imagen como resultado de una sobrexposición exagerada.

SOLUCIÓN BASE En fotografía, cualquier preparado comercial que se presente en forma de líquido concentrado y que debe diluirse en otros productos, generalmente agua, para obtener la DISOLUCIÓN DE TRABAJO.

SOMBREADO Forma alternativa para denominar la técnica de RESERVADO.

TÉCNICA DE ARRASTRADO Método de procesado para contrarrestar el enfriamiento de un baño químico (normalmente el revelador) durante el tiempo en que está en contacto con la emulsión. Antes de usarse, la solución se calienta ligeramente por encima de la temperatura de trabajo, de modo que pasa a medida que se enfría a una temperatura ligeramente inferior, pero todavía dentro de los límites de seguridad.

TELÉMETRO Instrumento óptico para medir distancias, a menudo acoplado al mecanismo de enfoque del objetivo de una cámara. El telémetro muestra dos imágenes, y las escenas aparecen como si se vieran desde puntos de vista algo separados. Estas imágenes deben superponerse para medir la distancia.

TELEOBJETIVO Estrictamente, tipo especial de OBJETIVO DE FOCO LARGO que tiene una fórmula óptica compuesta por dos grupos de lentes. El delantero actúa como un sistema convergente, mientras que el posterior es divergente. Esta construcción determina que la longitud del objetivo sea menor que la distancia focal real.

TEMPERATURA DE COLOR Medida de la presencia relativa de azul o rojo en una fuente de luz, expresada en grados KELVIN. La temperatura de color es aquella a la cual un teórico «cuerpo negro» tendría que calentarse para que emitiera luz del mismo color.

TIRA DE PRUEBAS Copia que muestra los efectos de varias exposiciones de prueba realizadas con la finalidad de establecer la exposición correcta en la copia definitiva.

TLR Abreviatura de la expresión inglesa utilizada para designar la CÁMARA RÉFLEX DE DOS OBJETIVOS (Twin Lens Reflex camera).

TRANSPARENCIA Fotografía visible merced a la luz transmitida a su través y no a la que refleja. Cuando se monta en un marco rígido recibe el nombre de DIAPOSITIVA.

TRIPACK Emulsión fotográfica compuesta, utilizada en casi todas las películas y papeles para copias de color. Está formada por tres capas, cada una de las cuales es sensible a uno de los tres colores primarios.

TUBOS DE EXTENSIÓN Accesorio para MACROFOTOGRAFÍA que consiste en un sistema de tubos metálicos que se montan entre el objetivo y el cuerpo de la cámara para incrementar la distancia entre el objetivo y la película.

UNIDAD REPETIDORA DE FLASH Instrumento fotoeléctrico utilizado en los estudios de fotografía para disparar el flash. Detecta la luz del disparo de un flash primario conectado directamente a la cámara y dispara automáticamente el flash secundario al que está conectado. Se conoce también como unidad esclava.

VALOR PH En sentido estricto, valor que toma el logaritmo de la concentración de iones de hidrógeno en gramos por litro. Se usa como gradación para medir la acidez o alcalinidad de una sustancia. El agua es neutra con un ph de 7.

VELO Deterioro de una imagen por exposición accidental de la película o el papel, por un revelador demasiado activo, por un fijador débil con mucho depósito de sales de plata, por almacenamiento demasiado largo o por exposición a rayox X fuertes.

VELO DICROICO Fallo en el proceso de revelado, caracterizado por manchas de color rojo y gris (de ahí el nombre de dicroico, literalmente «de dos colores»). Es causado por el fijador agotado cuya acidez es insuficiente para frenar del todo la acción del revelador. Se forma así un depósito muy fino de sales de plata que aparece con tonalidades rojas, producidas por la luz transmitida, y grises, producto de la luz reflejada.

VELO ÓPTICO Luz reflejada en el interior de la cámara o de los elementos del objetivo que da lugar a marcas irregulares en el negativo y degrada la calidad de la imagen. Puede eliminarse en cierta medida recurriendo a lentes antirreflectantes. (Ver también RECUBRIMIENTO ANTIRREFLECTANTE.)

VELOCIDAD La sensibilidad de una película medida en cualquiera de las distintas escalas (ver ASA, BSI, ISO y DIN); el término se emplea también para referirse a la máxima abertura para la cual es apto un objetivo.

VELOCIDAD DE PELÍCULA Grado de sensibilidad de la película a la luz. Se expresa generalmente en los sistemas ISO, ASA y DIN.

VIÑETA Fotografía positivada empleando la técnica de viñetado, de modo que la imagen se desvanece en los bordes.

VIRADOR (TONER) Producto químico que se usa para alterar el color de una copia en blanco y negro. Hay cuatro tipos de virador, cada uno de los cuales necesita un proceso distinto para tratar la copia. Con el uso del virador apropiado es posible conseguir prácticamente cualquier color.

VISERAS Planchas abisagradas para los focos de estudio, utilizadas para controlar el haz luminoso.

VISOR Ventana o marco de la cámara por el que se ve la escena que aparecerá en el negativo. A menudo incluye un TELÉMETRO.

ZAPATA DE CONTACTO Patín accesorio en una cámara dotado de un dispositivo eléctrico para activar el flash automáticamente.

ANOTACIONES

Algunas personas pueden trabajar en la oscuridad en el desorden más completo y, no obstante, llegar a conseguir auténticas obras de arte. La mayoría de nosotros tenemos que trabajar de una forma precisa y organizada para conseguir buenos resultados, cuidando al máximo los detalles más insignificantes. No es totalmente necesario apuntar las características de revelado de cada película, pero tomar notas anima a trabajar de una forma ordenada. Las notas detalladas también le ayudan a perfeccionar la técnica, corregir los errores y poder repetir las copias sin necesidad de tanteos. En las páginas siguientes hallará modelos de fichas en los que apuntar los grados del papel, los tamaños del mismo, los tiempos de exposición, los filtros y cualquier tipo de indicación que pueda ser importante para un negativo o copia particular.

Número de fichero del negativo				Hoja de contacto	
Tipo de película					
Notas de revelado				Fecha	
Foto n.°	Tema	Detalles del positivado			Observaciones/ Notas
		Tamaño	Papel	Exposición y filtrado	

Número de fichero del negativo				Hoja de contacto	
Tipo de película					
Notas de revelado				Fecha	
Foto n.°	Tema	Detalles del positivado			Observaciones/ Notas
		Tamaño	Papel	Exposición y filtrado	

Número de fichero del negativo				Hoja de contacto	
Tipo de película					
Notas de revelado				Fecha	
Foto n.°	Tema	Detalles del positivado			Observaciones/ Notas
		Tamaño	Papel	Exposición y filtrado	

Número de fichero del negativo				Hoja de contacto	
Tipo de película					
Notas de revelado				Fecha	
Foto n.°	Tema	Detalles del positivado			Observaciones/ Notas
		Tamaño	Papel	Exposición y filtrado	

Número de fichero del negativo				Hoja de contacto	
Tipo de película					
Notas de revelado				Fecha	
Foto n.°	Tema	Detalles del positivado			Observaciones/ Notas
		Tamaño	Papel	Exposición y filtrado	

<table>
<tr><td colspan="4">Número de fichero del negativo</td><td colspan="2">Hoja de contacto</td></tr>
<tr><td colspan="6">Tipo de película</td></tr>
<tr><td colspan="4">Notas de revelado</td><td colspan="2">Fecha</td></tr>
<tr><td rowspan="2">Foto n.°</td><td rowspan="2">Tema</td><td colspan="3">Detalles del positivado</td><td rowspan="2">Observaciones/ Notas</td></tr>
<tr><td>Tamaño</td><td>Papel</td><td>Exposición y filtrado</td></tr>
<tr><td></td><td></td><td></td><td></td><td></td><td></td></tr>
</table>

Número de fichero del negativo	Hoja de contacto
Tipo de película	
Notas de revelado	Fecha

Foto n.°	Tema	Detalles del positivado			Observaciones/ Notas
		Tamaño	Papel	Exposición y filtrado	

<table>
<tr><td colspan="4">Número de fichero del negativo</td><td colspan="2">Hoja de contacto</td></tr>
<tr><td colspan="6">Tipo de película</td></tr>
<tr><td colspan="4">Notas de revelado</td><td colspan="2">Fecha</td></tr>
<tr><td rowspan="2">Foto
n.º</td><td rowspan="2">Tema</td><td colspan="3">Detalles del positivado</td><td rowspan="2">Observaciones/
Notas</td></tr>
<tr><td>Tamaño</td><td>Papel</td><td>Exposición
y filtrado</td></tr>
<tr><td></td><td></td><td></td><td></td><td></td><td></td></tr>
</table>

Número de fichero del negativo	Hoja de contacto
Tipo de película	
Notas de revelado	Fecha

Foto n.°	Tema	Detalles del positivado			Observaciones/ Notas
		Tamaño	Papel	Exposición y filtrado	

<table>
<tr><td colspan="4">Número de fichero del negativo</td><td colspan="2">Hoja de contacto</td></tr>
<tr><td colspan="6">Tipo de película</td></tr>
<tr><td colspan="4">Notas de revelado</td><td colspan="2">Fecha</td></tr>
<tr><td rowspan="2">Foto
n.º</td><td rowspan="2">Tema</td><td colspan="3">Detalles del positivado</td><td rowspan="2">Observaciones/
Notas</td></tr>
<tr><td>Tamaño</td><td>Papel</td><td>Exposición
y filtrado</td></tr>
<tr><td></td><td></td><td></td><td></td><td></td><td></td></tr>
</table>

Número de fichero del negativo				Hoja de contacto	
Tipo de película					
Notas de revelado				Fecha	
Foto n.º	Tema	Detalles del positivado			Observaciones/ Notas
		Tamaño	Papel	Exposición y filtrado	

Número de fichero del negativo	Hoja de contacto
Tipo de película	
Notas de revelado	Fecha

Foto n.°	Tema	Detalles del positivado			Observaciones/ Notas
		Tamaño	Papel	Exposición y filtrado	

<table>
<tr><td colspan="3">Número de fichero del negativo</td><td colspan="3">Hoja de contacto</td></tr>
<tr><td colspan="6">Tipo de película</td></tr>
<tr><td colspan="3">Notas de revelado</td><td colspan="3">Fecha</td></tr>
<tr><td rowspan="2">Foto
n.°</td><td rowspan="2">Tema</td><td colspan="3">Detalles del positivado</td><td rowspan="2">Observaciones/
Notas</td></tr>
<tr><td>Tamaño</td><td>Papel</td><td>Exposición
y filtrado</td></tr>
<tr><td></td><td></td><td></td><td></td><td></td><td></td></tr>
</table>

<table>
<tr><td colspan="4">Número de fichero del negativo</td><td colspan="2">Hoja de contacto</td></tr>
<tr><td colspan="6">Tipo de película</td></tr>
<tr><td colspan="4">Notas de revelado</td><td colspan="2">Fecha</td></tr>
<tr><td rowspan="2">Foto n.°</td><td rowspan="2">Tema</td><td colspan="3">Detalles del positivado</td><td rowspan="2">Observaciones/ Notas</td></tr>
<tr><td>Tamaño</td><td>Papel</td><td>Exposición y filtrado</td></tr>
<tr><td></td><td></td><td></td><td></td><td></td><td></td></tr>
</table>

<table>
<tr><td colspan="4">Número de fichero del negativo</td><td colspan="2">Hoja de contacto</td></tr>
<tr><td colspan="6">Tipo de película</td></tr>
<tr><td colspan="4">Notas de revelado</td><td colspan="2">Fecha</td></tr>
<tr><td rowspan="2">Foto n.°</td><td rowspan="2">Tema</td><td colspan="3">Detalles del positivado</td><td rowspan="2">Observaciones/ Notas</td></tr>
<tr><td>Tamaño</td><td>Papel</td><td>Exposición y filtrado</td></tr>
<tr><td></td><td></td><td></td><td></td><td></td><td></td></tr>
</table>

Número de fichero del negativo				Hoja de contacto	
Tipo de película					
Notas de revelado				Fecha	
Foto n.°	Tema	Detalles del positivado			Observaciones/ Notas
		Tamaño	Papel	Exposición y filtrado	

Número de fichero del negativo				Hoja de contacto	
Tipo de película					
Notas de revelado				Fecha	
Foto n.°	Tema	Detalles del positivado			Observaciones/ Notas
		Tamaño	Papel	Exposición y filtrado	

<table>
<tr><td colspan="4">Número de fichero del negativo</td><td colspan="2">Hoja de contacto</td></tr>
<tr><td colspan="6">Tipo de película</td></tr>
<tr><td colspan="4">Notas de revelado</td><td colspan="2">Fecha</td></tr>
<tr><td rowspan="2">Foto n.°</td><td rowspan="2">Tema</td><td colspan="3">Detalles del positivado</td><td rowspan="2">Observaciones/ Notas</td></tr>
<tr><td>Tamaño</td><td>Papel</td><td>Exposición y filtrado</td></tr>
<tr><td></td><td></td><td></td><td></td><td></td><td></td></tr>
</table>

<table>
<tr><td colspan="4">Número de fichero del negativo</td><td colspan="2">Hoja de contacto</td></tr>
<tr><td colspan="6">Tipo de película</td></tr>
<tr><td colspan="4">Notas de revelado</td><td colspan="2">Fecha</td></tr>
<tr><td rowspan="2">Foto n.°</td><td rowspan="2">Tema</td><td colspan="3">Detalles del positivado</td><td rowspan="2">Observaciones/ Notas</td></tr>
<tr><td>Tamaño</td><td>Papel</td><td>Exposición y filtrado</td></tr>
<tr><td></td><td></td><td></td><td></td><td></td><td></td></tr>
</table>

Número de fichero del negativo	Hoja de contacto
Tipo de película	
Notas de revelado	Fecha

Foto n.°	Tema	Detalles del positivado			Observaciones/ Notas
		Tamaño	Papel	Exposición y filtrado	

Número de fichero del negativo			Hoja de contacto		
Tipo de película					
Notas de revelado			Fecha		
Foto n.°	Tema	Detalles del positivado			Observaciones/ Notas
		Tamaño	Papel	Exposición y filtrado	

<table>
<tr><td colspan="4">Número de fichero del negativo</td><td colspan="2">Hoja de contacto</td></tr>
<tr><td colspan="6">Tipo de película</td></tr>
<tr><td colspan="4">Notas de revelado</td><td colspan="2">Fecha</td></tr>
<tr><td rowspan="2">Foto
n.°</td><td rowspan="2">Tema</td><td colspan="3">Detalles del positivado</td><td rowspan="2">Observaciones/
Notas</td></tr>
<tr><td>Tamaño</td><td>Papel</td><td>Exposición
y filtrado</td></tr>
<tr><td></td><td></td><td></td><td></td><td></td><td></td></tr>
</table>

ÍNDICE

Los números de página en *cursiva* corresponden a las referencias principales.

Agfachrome Speed, *82*
agua dura, *37*
almacenamiento, *138*
de productos químicos, *17*
estantes, *9*
ampliación, ensayos, *54-55*
preparación, *52-53*
ampliadoras, *22-23*
con difusor, *22*
de condensador, 22
instalación, 8, *9*
objetivos, *25*
movimientos, *24*
réflex, *22*
reproducción con, *114-115*
verticales, *22*
analizadores del color, *27*

baño de paro, *31*
blanco y negro, copias:
ampliación, 22, *52-53*
coloreado a mano, *106-107*
control de la perspectiva, *64-65*
copias combinadas, *94-95*
eliminación de tonos, *88-89*
errores más comunes, *146*
exposición a través de vidrio, *86-87*
mejora de los negros, *56*
montaje, *96-97*
preparación, *42-43*
prueba de contacto, *46-47*
realización, *56-57*
reservado, *60*
reservado con sobrexposición, *58-59*
retocado, *104-105*
revelado, *44-45*
solarización, *90-91*
viñetado, *62-63*
virado, *110-111*

cabezales de color incorporados, ampliadoras con, *23*
Cibachrome, copias a partir de diapositivas, 73, *81,* 147
color, copias:
a partir de diapositivas, 73, *80-81*
ampliadoras, *22-23*
coloreado a mano, *106-107*
desteñido, *138*
ensayos de exposición, *74-75*
ensayos del color, *76-77*
equilibrio del color, *78-79*
equipo, *72*
errores más comunes, *146-147*
filtros, 73, 74, 75, *76-77,* 78
máscaras para contraste, *124-125*
montaje, *98-99*
papeles, *73,* 74
posterización, *120-121*
preparación, *72-73*
sistemas de impresión rápida, *82-83*
solarización, *92-93*
transferencia del color, *132-135*
color, selección, *118-119*
registro, *116*
colorantes, coloreado a mano, *106*
compensación de la exposición, *142*
conjugado de imágenes, *126-127*
contraste local, control, 61
máscaras, *124-125*
copias:
a partir de diapositivas, *73*
errores más comunes, *146-147*
imagen de equidensidad, *122-123*
monturas, *136-137*
posterización, *120-121*
retocado, *104-105*
sobre cualquier superficie, *112-113*
técnicas de aerógrafo, *104-105*
virado, *110-111*
copias, blanco y negro:
ampliación, 22, *52-65*
coloreado a mano, *106-107*
combinación de imágenes, *94-95*
control de la perspectiva, *64-65*
eliminación de tonos, *88-89*
errores más comunes, *146*
exposición a través de vidrio, *86-87*
mejora de los negros, *56*
montaje, *96-97*
preparación, *42-43*
prueba de contacto, *46-47*
realización, *56-57*
reservado, *60*
reservado con sobrexposición, *58-59*
retocado, *104-105*
revelado, *44-45*
solarización, *90-91*
viñetado, *62-63*

virado, *110-111*
copias, color:
a partir de diapositivas, *80-81*
desteñido, *138*
ensayos de exposición, *74-75*
ensayos del color, *76-77*
equilibrio del color, *78-79*
filtros, 73, 74-75, *76-77, 78-79*
papeles, *73,* 74
preparación, *72-73*
sistemas de impresión rápida, *82-83*
solarización, *92-93*
copias viradas en sepia, 106, *110*
corrección del color, *23*
cuarto oscuro:
equipo eléctrico, *9*
luces de seguridad, 8, 11, *43,* 45
ventilación, *11*
zona húmeda, *10-11*
zona seca, *8-9*
cuba termostática, *20-21*
cubetas de revelado, *21,* 43
cuñas de grises, *55*

diapositivas:
almacenamiento, *138*
copias reversibles a partir de, *73*
duplicados, *115*
errores más comunes, *145*
mandalas, *128-129*
máscaras para contraste, *124-125*
preparando un pase, *140-141*
proyección, *139*
reproducción a partir de, *80-81*
revelado, 67, *70-71*
selección de colores a partir de, *118-119*
diapositivas en color, ver diapositivas
distancia focal, objetivo de ampliadora, *25*
duplicado de diapositivas, *115*

efecto halo, *130*
efecto neón, *130-131*
efecto Sabattier, 90, *92*
Ektaflex, *82-83*
montajes con, *98*
embudos, *16*
emulsión líquida, *112-113*
encuadre, *48-49,* 53
equipo:
ampliadoras, *22-25*
eléctrico, *9*
fotómetros, *26*
impresión del color, *72*
limpieza, *19*
para colorear a mano, *106*
película en blanco y negro, *30,* 31
positivado del color, 27, *72*
procesador de copias, *21*
procesador de película, *20*
productos para el revelado, *16-17*
revelado, *30-31*
revelado de películas de color, *66,* 67
secadoras de copias, *29*
temporizadores, *26*
zona húmeda, *10-11*
zona seca, *8-9*
equipo eléctrico, instalación, *9*
errores más comunes, *144-147*
esmaltadoras, *29*
de base plana, *29*
de tambor, *29*
estantes, *11*
exhibición, monturas para copias, *136-137*
exposición:
copias en blanco y negro, *56-57*
copias en color, *74-75*
exposímetros, *26*

fijado, *34-35*
fijadores, *31*
conservación, *17*
endurecedores, *37*
filtros:
compensación de la exposición, *142*
dicroicos, *23*
película de equidensidad, *122*
posterización, *121*
reproducción del color, 73, 74, 75, *76-77*
separación de los colores, *118-119*
forzado, *41*
fotogramas, *84-85*
fotómetros, *26*
de campo reducido, *54*
fotomontaje, *102*

blanco y negro, *96-97*
color, *98-99*
esquemas, *100-101*
mandalas, *129*
frascos, *16*

guantes, para manejar productos químicos, *16*

hojas de contacto, *46-47*
registro, *116*
uso, *48-49*
humectantes, *31*

laboratorio, zona húmeda, *8-9*
zona seca, *10-11*
lavaderos, *11*
lavabo, *36-37*
lavadores de copias, *28*
limpieza, *43*
luces altas, reservado, 58-59; 124
luces de seguridad, 8; 11; *43*

mandalas, *128-129*
máscaras:
contraste, *124-125*
reservado, *60*
reservado con sobrexposición, *58-59*
medidas, *31*
mezcla de productos químicos, *18-19*
montaje, *102*
blanco y negro, *96-97*
color, *98-99*
en seco, *136-137*
esquemas, *100-101*
mandalas, *129*
monturas para copias, 136-137
mosaicos de color, *27*
multirrollo, tanques, *20*

negativos:
sobrexpuestos, *39*
sobrerrevelados, *39*
subexpuestos, *39,* 56
subrevelados, *39, 144-145*

objetivo, analizadores del color, *27*
ampliadora, *25*
objetivos gran angular, para ampliadoras, *25*

pantalla, proyección, *139*
papel positivo/positivo, *80*
papeles:
almacenamiento, *138*
contraste variable, 50, *61*
copias de color, *73*
de capa de resina, *28*
fotogramas, *84*
grados, *50*
para colorear a mano, *106*
virado, *110*
papeles de capa de resina, *29*
fijado, *44*
lavado, *28,* 45
papeles de contraste variable, 50, *61*
paredes, cuarto oscuro, *9*
película:
almacenamiento, *20*
procesadoras, *138*
película Agfacontour, *122*
película en láminas:
positivado, *114-115*
separación de colores, *119*
película equidensidad, *122-123*
película lith, *88-89*
efecto neón, *130-131*
solarización, *90, 92*
película opalina, *130*
películas cromogénicas, procesado, *37*
películas negativas de color, procesado, 67, *68-69*
películas pancromáticas, *118*
películas reversibles de color, procesado, 67, *70-71*
perspectiva, *53*
control, *64-65*
polvo, *43,* 52
portafiltros, ampliadoras, *23*
posterización, *120-121*
probetas graduadas, *16,* 31
procesadoras:
de copias, *21*
de tambor giratorio, *21*
orbitales, *21*
proceso C-41. *67-68*
proceso de transferencia de color, *132-135*
proceso E-6, 67, *70-71*
proceso N, *68*
proceso P-41, 67, *70-71*
productos químicos:
almacenamiento, *17*
equipo, *16-17*
mezcla, *18-19*

proyección, diapositivas, 139, *140-141*
pruebas de ensayo, *41*
pruebas de exposición:
copias en blanco y negro, *54-55*
positivado de color, *74-75*

rayaduras, *144*
rebajador de Farmer, *104-105*
registro, *116-117*
registros de orificio, *116*
reproducción, *114-115*
reservado, *60,* 124
de luces altas, *58-59,* 124
reticulado, *37*
retocado de copias, *104-105,* 108
revelado, *34-35*
diapositivas en color, 67, *70-71*
errores más comunes, *144-145*
negativos de color, 67, *68-69*
negativos en blanco y negro, *30-41*
revelado de película de color:
equipo, *66-67*
errores más comunes, *145*
película de diapositiva, 67, *70-71*
película negativa, 67, *68-69*
temporizadores, *26*
revelado de película en blanco y negro:
equipo, *30*
fijado, *35*
lavado, *36-37*
revelado, *34-35*
secado, *36-37*
reveladores:
a dos baños, *41*
conservación, *17*
de alta acutancia, *40,* 41
de alto contraste, *41*
de grano fino, 40, *41*
incremento de velocidad, *40-41*
película lith, *88-89*
universales, *31*

secado, *36-37*
secadoras, *29*
de copias, *29*
seguridad, manipulación de productos químicos, *16*
selección del color, *118-119*
sistemas de impresión rápida, *82-83*
sistemas de lavado, *28*
sistemas de medidas, tablas de conversión, *143*
solarización:
blanco y negro, copias, *90-91*
color, copias, *92-93*
sombras, reservado, *60*
suavizar imágenes, *86*
suministro de agua, *11*
dura, *37*
superficies:
impresión sobre diversos materiales, *112-113*
impermeables, *112*
porosas, *112*

tablas de conversión, *143*
tambor de revelado para copias, 11, *21*
tanques, *20,* 31, 66
cargado de película, *32-33*
película de color, *66*
tanques de cargado a plena luz, *20*
tanques de revelado, *20,* 31
cargado, *32-33*
hondos, *20*
técnicas de aerógrafo, 102, *108-109*
temperatura:
cuarto oscuro, *43*
revelado de blanco y negro, *31*
revelado de color, *31*
revelador, *34*
tablas de conversión, *143*
temporizadores, *26,* 31
termómetros, *16-17*
tijeras, *31*
tonos, eliminación, *88-89*
tramas, *86*
transparencias, ver diapositivas

valoración de negativos, *38-39*
almacenamiento, *138*
errores más comunes, *144-145*
vidrio, exposición a través de, *86-87*
viñetado, 25, *62-63*
virado:
de copias, *110-111*
por acopladores de colorantes, *111*
viradores, *10*

zona húmeda, *10-11*
zona seca, *8-9*

CUPULA IMAGEN

Títulos publicados

- Manual del vídeo aficionado
- Técnica fotográfica
- Desnudo y glamour
- Técnicas del laboratorio
- Nuevo manual de fotografía
- La cámara creativa de vídeo
- El retrato
- El paisaje